# 细节决定成败

XIJIE JUEDING CHENGBAI

张艳玲 ◎ 改编

民主与建设出版社

·北京·

© 民主与建设出版社，2021

**图书在版编目 (CIP) 数据**

细节决定成败 / 张艳玲改编 . —北京：民主与建设出版社，2015.9（2021.4 重印）

ISBN 978-7-5139-0750-7

Ⅰ．①细… Ⅱ．①张… Ⅲ．①成功心理—通俗读物Ⅳ．① B848.4-49

中国版本图书馆 CIP 数据核字（2015）第 210146 号

**细节决定成败**
XIJIE JUEDING CHENGBAI

| 改　　编 | 张艳玲 |
|---|---|
| 责任编辑 | 王　倩 |
| 封面设计 | 天下书装 |
| 出版发行 | 民主与建设出版社有限责任公司 |
| 电　　话 | （010）59417747　59419778 |
| 社　　址 | 北京市海淀区西三环中路 10 号望海楼 E 座 7 层 |
| 邮　　编 | 100142 |
| 印　　刷 | 三河市同力彩印有限公司 |
| 版　　次 | 2016 年 1 月第 1 版 |
| 印　　次 | 2021 年 4 月第 2 次印刷 |
| 开　　本 | 710 毫米 ×944 毫米　1/16 |
| 印　　张 | 13 |
| 字　　数 | 130 千字 |
| 书　　号 | ISBN 978-7-5139-0750-7 |
| 定　　价 | 45.00 元 |

注：如有印、装质量问题，请与出版社联系。

# 前言 | PREFACE

有一位老石匠在砌一堵墙,由于这堵墙砌得很自然,因而看起来很美。业主走在自己的田地上,注意到老石匠在砌那些小石块时和砌大石头一样用心,一丝不苟。业主走过来对石匠说:"老人家,用那些大的石块砌,不是会干得更快吗?"

"是的,先生,的确如此。"老人回答说,"但是,您瞧,我是要把它砌得好看、坚实、经久不坏,就不能在乎速度的快慢。"老人停下来想了一会儿,又说,"先生,这些石块很像人们生活中的大小事情。这些小石块要一块一块砌结实,才能支撑住那些大石块。如果撤去这些小石块,大石块没有了支撑,自然也就垮下来了。"

中国古代大思想家老子曾说:"天下难事,必做于易;天下大事,必做于细。"这句话精辟地指出了想成就一番事业必须从简单的事情做起,从细微之处入手。一心渴望伟大、追求伟大,伟大却了无踪影;甘于平淡,认真做好每个细节,伟大却不期而至。这正是细节的魅力所在。一个人的价值不是以数量而是以他的深度来衡量的,成功者的共同特点就是能做小事情,能够抓住生活中的一些细节。

成也细节,败也细节。究竟什么是细节?一般来说,细节就是细小的事物、环节或情节。它可以形象地说成是转动链条上的扣环,是千里钢轨上的铆钉,是太空飞船上的螺丝……

现实生活也是一样,只有注意了细节才能把事情做得更加完美;注意了细节生活才会更加真实,更有意义。一旦忽视了细节,就会影响到生活的质量,甚至导致不愉快的结果。

本书着重阐述了生活中容易被人们忽略却十分重要的种种细节,并详细分析了这些细节背后隐藏的深刻道理。相信每一位读者在阅读完本书后,会高度关注生活和工作中的细节,让每一个细节为自己服务,并能明白这样一个道理:做大事必重细节。

# 目 录

前言 ·················································································

## 第一章 成也细节，败也细节

01 细节是最好的介绍信 ················································· 2
02 万事之始，事无巨细 ················································· 4
03 天下大事，必作于细 ················································· 6
04 小不忍则乱大谋 ························································ 8
05 任何时候都不能忽视细节 ········································ 11
06 变"闲"为"不闲" ···················································· 15
07 用做大事的心态做好小事 ········································ 18
08 小细节决定大结果 ·················································· 20
09 90%背后的玄机 ······················································ 23

## 第二章 把工作中的小事做细

01 把小事做细，把细事做透 ········································ 28
02 重视工作中的每一件小事 ········································ 30
03 保持办公桌的整洁有序 ··········································· 33
04 不要占用公司的一张纸或一支笔 ····························· 36

05　和上司谈话时,关掉手机 ………………………………… 39
06　不在工作时间开辟第二产业 ……………………………… 41
07　上班时不做最后一个,下班时不做第一个 ……………… 44
08　执行工作要善于抠细节,防漏洞 ………………………… 47
09　遇到老板,主动迎上去说几句话 ………………………… 50
10　不要比你的老板穿得更好 ………………………………… 53
11　在细小的事情上也必须讲信用 …………………………… 55
12　要想办法让老板知道你做了什么 ………………………… 57
13　工作中,关注每一个细节 ………………………………… 60

### 第三章　细微之处有乾坤

01　竞争中要学会欣赏对手 …………………………………… 66
02　会议细节,职场关键 ……………………………………… 68
03　每一件小事都值得我们去做 ……………………………… 70
04　过去的事不要全让人知道 ………………………………… 74
05　做事前,先想象一个好的结果 …………………………… 77
06　不是你的功劳千万不要占有它 …………………………… 80
07　才华横溢不如才智平平 …………………………………… 82
08　遇事多考虑3分钟 ………………………………………… 84
09　说话细节,决定成败 ……………………………………… 86
10　不要在朋友面前炫耀自己 ………………………………… 89

### 第四章　发现细节,让成功更完美

01　从细节做起 ………………………………………………… 94
02　缜密思考,精细做事 ……………………………………… 97
03　凡事都应追求精益求精 …………………………………… 100
04　搜集并不断地消化信息 …………………………………… 103
05　关注细节,就是成功 ……………………………………… 106

06　别忘了随时为自己鼓掌 ················· 108
　　07　善于捕捉生活的细节 ··················· 111
　　08　万斤油,不如一招鲜 ··················· 113
　　09　高贵补鞋匠的启示 ··················· 117
　　10　小事不小,从细微之处做起 ············· 119

## 第五章　伟大源于细节的积累

　　01　耐心地做好每一个平凡的细节 ··········· 124
　　02　持之以恒地从小事做起 ················· 127
　　03　记住别人的名字 ····················· 130
　　04　昨晚多几分钟的准备,今天少几个小时的麻烦 ··· 133
　　05　把细节落实在任何时候 ················· 137
　　06　勤做小事 ··························· 141
　　07　准备好行动的每一步 ··················· 145
　　08　先做小事,后成大事 ··················· 148

## 第六章　领导要对细节有无限的爱

　　01　不要轻易对下属承诺 ··················· 154
　　02　尊重下属的时间 ····················· 156
　　03　不让你的下属瞎忙活 ··················· 158
　　04　说话要温柔一些 ····················· 161

## 第七章　美好的生活从细节开始

　　01　每天清晨向你周围的人说声"早上好" ····· 166
　　02　说话时尽量常用"我们" ··············· 168
　　03　坚持在背后说别人的好话 ··············· 171
　　04　不想因应酬伤害自己,就要注意分寸 ······· 175
　　05　服装语言的魅力 ····················· 177

3

06 人多的场合少说话 ·································· 182

07 谈吐见品行 ········································ 185

08 不要随便打断别人的说话 ···················· 188

09 与人握手时,可多握一会儿 ················· 191

10 出现在公共场合时要保持整洁 ············· 194

11 做错事要马上道歉 ······························· 197

# 第一章

## 成也细节,败也细节

　　成有成的道理,败有败的理由。在一个成功者的背后,起决定作用的往往是那些细节因素。注重细节,才能做成大事。以小才能见大,如果忽视细节,就会跌入失败的深渊;如果把握住细节,成功就会降临。

细节决定成败

## 01　细节是最好的介绍信

不要忽略了生活的细节,它不仅能够改变自己,还会为你创造好的机遇,成就你的一生。

有这样两个故事。

故事一:

在一家合资公司招聘会上,一个相貌平平的女青年前来应聘。外方的公司经理看了她的材料后,面无表情地拒绝了,因为她只有中专学历。

女青年满脸失望地收回了自己的材料,站起来准备走。就在这一瞬间,她觉得自己的手被扎了一下,看了看手掌,上面沁出一点血丝。原来是桌子上一个钉子露出在外面,在她按着桌子站起来时,手恰恰按了那个露出的钉尖上。

她见桌子上有一块镇纸石,便拿过来用劲把小钉子压了下去。然后,对面试的考官微微一笑,说了声再见便转身离去了。几分钟后,公司经理派人在楼下追上了她,她被破格录用,成了这家公司唯一一个仅有中专学历的员工。

故事二:

一位先生要聘一名在他办公室做事的助理,招聘时,这位先生挑中了一个女青年。

## 第一章　成也细节,败也细节

你被录用了

"我想知道,"他的一位朋友问道,"你为何看中了那个女青年,她既没带一封介绍信,也没任何人的推荐。"

"你错了。"这位先生说,"她带来了许多介绍信。她在门口蹭掉脚上的土,进门后关上了门,说明她做事小心仔细。当看到那位残疾老人时,她立即起身让座,表明她心地善良,体贴别人。进了办公室她先脱去帽子,我提出的问题,她回答得干脆果断,证明她既懂礼貌又有教养。其他人都从我故意放在地板上的那本书上迈过,而这个女孩却俯身拣起那本书,并放在桌上。当我和她交谈时,我发现她衣着整洁,头发梳得整整齐齐,指甲修得干干净净。难道你不认为这些小节是极好的介绍信吗?"

以上两个女青年并没有什么过人之处,而最后之所以取得成功,正是在于她们注重细节。人生的大事是与许多小事息息相关的,而人们却往往把精力全部集中于大事上,却忽略了能够决定成功的小事。一些看似平凡的小事,往往能反映一个人的习惯,折射出一个人的品质和敬业精

细节决定成败

神。不要忽略了生活的细节,它不仅能够改变自己,还会为你创造好的机遇,成就你的一生。

所以说,想要认识一个人,请你注意他的细节;想要把自己介绍给别人,细节便是最好的介绍信。

## 02　万事之始,事无巨细

细节无处不在。培养自己重视细节的习惯,不仅对我们自己的工作有帮助,而且对整个的人生道路都会有很大的影响。

国王查理三世准备拼死一战,里奇蒙德伯爵亨利带领的军队正迎面扑来,这场战斗将决定谁统治英国。

战斗进行的当天早上,查理派了一个马夫去备好自己最喜欢的战马。

"快点给它钉掌,"马夫对铁匠说,"国王希望骑着它打头阵。"

"您得等等,"铁匠回答,"我前几天给国王全军的马都钉了掌,现在我得找点儿铁片来。"

"我等不及了,"马夫不耐烦地叫道,"国王的敌人正在推进,我们必须在战场上迎击敌兵,有什么你就用什么吧。"

铁匠埋头干活,从一根铁条上弄下四个马掌,把它们砸平、整形,固定在马蹄上,然后开始钉钉子。钉了三个掌后,他发现没有钉子来钉第四个掌了。

"我需要一两个钉子,"他说,"得需要点儿时间砸出两个。"

"我告诉过你我等不及了,"马夫急切地说,"我听见军号了,你能不能凑合?"

"我能把马掌钉上,但是不能像其他几个这么牢实。"

"能不能挂住?"马夫问。

"应该能,"铁匠回答,"但我没把握。"

"好吧,就这样,"马夫叫道,"快点,要不然国王会怪罪到咱们俩头上的。"

战场上,国王查理冲锋陷阵,鞭策士兵迎战敌人。"冲啊,冲啊!"他喊着,率领部队冲向敌阵。远远地,他看见战场另一边几个自己的士兵退却了。如果别人看见他们这样,也会后退的,所以查理策马扬鞭冲向那个缺口,召唤士兵调头战斗。

还没走到一半,一只马掌掉了,战马跌翻在地,国王查理也被掀在地上。

国王还没有再抓住缰绳,惊恐的马就跳起来逃走了。查理环顾四周,他的士兵们纷纷转身撤退,敌人的军队包围了上来。

## 细节决定成败

他在空中挥舞宝剑,"马!"他喊道,"一匹马,我的国家倾覆就因为这一匹马!"

他没有马骑了,他的军队已经分崩离析,士兵们自顾不暇。不一会儿,敌军俘获了查理,战斗结束了。

从那时起,人们就说:

少了一个铁钉,丢了一只马掌,

少了一只马掌,丢了一匹战马。

少了一匹战马,败了一场战役,

败了一场战役,失了一个国家,

所有的损失都是因为少了一个马掌钉。

千里之堤,毁于蚁穴,万世之师,事无巨细。的确如此,能够击垮我们的,往往不是巨大的挑战,而是一些小事,一些细枝末节。

很多看起来微不足道的小事,而且有一些可能与所有的大事无关的,但如果忽视这些小事,就可能带来一系列的连锁反应,最终导致失败的结果。所以,凡事都要注重细微的地方,不要让小事破坏了大局。

海之所以辽阔,是由一点一滴的山涧溪水汇聚而成,一个完美的人生,也是由许许多多或美好或不幸的事件组合而成的。细节对于每件事而言,都是关键,这些细节决定了事情的成败,甚至能决定人的一生。无论何时何事,都要从细节入手,切不可因小失大,功亏一篑。

## 03 天下大事,必作于细

懂得观察周围细微事物的人,往往能在这些观察中获得关键信息。

**只有养成注重细节的好习惯,才能在竞争激烈的社会里胜过别人。**

中国人自古就有"成大器者,不必拘泥于小节"的名言。做大事的人,不必在乎细节上的小事,但是,在今天,我们要说这种想法是片面的,是不可取的,古人云:"一屋不扫,何以扫天下?"只想着做大事,而忽略了手中的小事情就等于幻想不切实际的未来。

天下难事必作于易,天下大事必作于细。大事都是从一点一滴的小事做起来的,要想办成大事,必须从小事做起,只有把细小的问题处理好了,大事才会处理得更加周全,更加完美。否则,小事做不来,大事也做不好。

周恩来总理就是一个非常注重细节的人,他在尼克松访华期间所做的几件小事,给尼克松总统留下了不可磨灭的印象。

听完欢迎晚宴上演奏的乐曲之后,尼克松说:"我相信,他肯定事先把我的背景情况都仔细地研究了,因为今晚非常多的曲子都合我的口味,包括那首《美丽的阿美利加》,那是在我的就职仪式上演奏过的。"而这些曲子的确是周恩来总理亲自为尼克松挑选的。这个小小的细节,使尼克松对中国的好感大大增加。

在客人来访的第三天夜里,被邀请去看乒乓球和其他体育表演。观看表演时,客人说本来打算第二天去参观长城,但可惜天下雪了。周总理了解到这些以后,离开了一会儿,通知相关部门把通向长城路上的积雪清扫掉。第二天,客人们按照原计划参观了长城。

周总理不仅自己做事精细,而且对工作人员要求严格,他最无法容忍的,就是"大概""差不多""可能""也许"这类词。有一次,某个涉外宴会在北京饭店举行,在宴会前,周总理亲自去了解饭菜的准备情况。他问工作人员:"今晚的点心什么馅?"其中一位随口说:"可能是三鲜馅的吧。"周总理听了这句话非常不高兴,追问道:"'可能'算什么?究竟是,还是不是?要是有客人对海鲜过敏,谁来负责问题的后果?"

在现实生活中,很多人胸怀大志,想要干出一番轰轰烈烈的大事,对于小事、细节从来都不屑一顾。那么,什么是大事,什么又是小事?大事就是由所有的小事和所有的细节堆积起来的。就像是摩天大楼,如果没有一块一块的小石头,大楼又从何而来?

想要成大事者,就应该知道和借鉴那些人们关照小事、成就大事的本领,就如一本书中说到的那样,"能做大事的人非常少,不愿做小事的人却非常多。"一个人有理想、有干大事的雄心固然是好事,但必须从注重小事开始。因为把小事做好除了是一种工作态度以外,其中也隐藏着使你成功的机遇。

要想事有所成,就不能忽视细节的重要性。为什么有的人能从苹果掉落在地上而发现万有引力?为什么有的人能从衣服的一个小小的袖子成就了自己在服装业上的一番事业?为什么有的人却由于一颗螺丝钉而失去了整个公司?可见,在做事情上,善于发现,善于从中寻找问题的人往往能获得大的成功。

成功始于细节,于细节中可见不凡。如果我们把任何一件小事都做得很完美的话,无论对于企业,还是对于我们每个人,都是很重要的。

## 04　小不忍则乱大谋

笑到最后的才是最美的,只要自己有实力,有韧性,总能够后发制人取得胜利。

在一场举世瞩目的赛事中,台球世界冠军已走到卫冕的门口。他只要把最后那个8号黑球打进球门,凯歌就奏响了。

就在这时,不知从什么地方飞来一只蚊子。蚊子第一次落在握杆的手臂上,有些痒,冠军停下来。蚊子飞走了,这回竟飞落在了冠军锁着的眉头上。冠军不情愿地只好停下来,烦躁地去打那只蚊子。蚊子又轻捷地脱逃了。冠军做了一番深呼吸再次准备击球。天啊!他发现那只蚊子又回来了,像个幽灵似的落在了8号黑球上。冠军怒不可遏,拿起球杆对着蚊子捅去。蚊子受到惊吓飞走了,可球杆触动了黑球,黑球当然也没有进洞。

按照比赛规则,该轮到对手击球了。对手抓住机会死里逃生,一口气把自己该打的球全打进了。

卫冕失败了,而失败仅仅因为一只蚊子,实在令人痛惜。更可惜的是他后来患了重病,再也没有机会走上赛场,最后带着遗憾离开了人世。

冠军恨死了那只蚊子,临终时他还对那只蚊子耿耿于怀。然而,如果他不是被这件小事扰乱了情绪,又何至于抱憾终生呢?

人们经常说不做情绪的奴隶,实际情绪是由事情反映在自己身上的。做人一定要分得清轻重,不要让小事左右了自己的情绪以致影响大局。需要注意的是:小事不是绝对的,只要相对于大局来说它是小事,就要把它作小事处理,以免因小失大。

如果冠军能够在关键时刻忍耐一下,也不致最终落得个遗憾的结局。但自古以来很少有人能真正做到"忍"。人活一口气,要做事能克制、能忍耐,谈何容易!

## 细节决定成败

有一天,某外贸公司的业务员刘小姐接到了一个客户的投诉电话,这个李先生是公司长期的大客户,他气冲冲地打电话来说,上次的订单少发了三分之一的货物,并气愤地责问这是怎么回事?这个订单本来不是刘

小姐负责的,因此她接到这个电话一头雾水,电话那头又传来李先生的怒骂声,她本来想发火,但是她忍住了。她想,首先,一定是有什么问题才会让李先生这样生气的;其次,李先生也不知道她不清楚这件事,所以抓到个公司职员就开始责问。于是,刘小姐默默地听着,没有反驳一句,还不时地用温柔的声音安慰李先生,并说:"您放心,我一定用最短的时间把这件事弄清楚,然后给您一个明确的答复,可以吗?"面对刘小姐的温柔和耐心,李先生暴躁的情绪已经平静了一大半。在刘小姐的劝说下,李先生答应给公司几天的时间找原因。

其实,刘小姐当时也觉得冤屈,明明跟自己没什么关系,还要无缘无

故地被骂一顿,但是她忍住了。最后经过调查,发现是中间负责运送货物的物流公司把货物搞错了。事情澄清以后,大客户李先生高度评价了刘小姐,并说:"贵公司有这样好的员工,我以后更要和贵公司合作!"也是因为这件事,刘小姐受到了领导的重视,不久就得到了提升,成了公关部的一名主管。

"小不忍则乱大谋",如果在工作中遇到问题时能克制自己,适度地忍耐,冷静地思考,就不会因小失大。如果能忍一时之气,而成就以后的大事,何乐而不为呢?

有时候,可能就是因为一件小事,一个细节,就会给你造成极为严重的后果。所以说,笑到最后的才是最美的,只要自己有实力,有韧性,总能够后发制人取得胜利。

## 05　任何时候都不能忽视细节

任何工作都是由一个个细节组成的,许多看起来不重要的细节最终却破坏了大局。

在自然界中,到处都可能存在着陷阱,随时都可能有生命的危险,一不小心,就有可能落入陷阱成为敌人的食物。所以狼会注意它所看到的每一个细节,时刻观察身边的环境,任何一点风吹草动都逃不过它的眼睛。它们可以持续长达好几天的时间,观察并监控被它们盯上的猎物。

当然,猎物里面那些老弱病残的成员,会很快地成为野狼捕猎的目

## 细节决定成败

标。但是,野狼的优秀绝非仅仅只是从猎物群中辨别出易于捕猎的对象而已。狼能够观察并记忆许许多多细微得连人类都无法察觉的性格特征与习性,有时对手也许只是一个细微的紧张行为或癖性,就会让狼决定是否采取攻击。

有成就的人其实就如同那狼一样,对环境有着敏锐的洞察力,能从平凡中看到神奇的东西,能察觉到别人未曾注意到的情况和细节,能不断地发现别人的各种需要和他人的各种潜力,并巧妙地利用这些推动自己事业的发展。

恺撒大帝有一句名言:"在战争中,重大事件常常就是小事所造成的后果。"生活也是一样,看不到细节或者不把细节当回事的人,对事情只能是敷衍了事。这种人无法从细节中看到机遇。他们只能永远做别人分配给他们做的工作,甚至即便这样也不能把事情做好。而考虑到细节、注重细节的人,不仅认真对待工作,将小事做细,而且注重在做事的细节中找到机会,从而使自己走上成功之路。

细节能带来成功,同时也能导致失败。对于工作的细节和生活的小节,我们没有理由不去重视。管理学中的"蝴蝶效应"尤其能说明细小的行为变化对全局的影响。

1979年12月,洛伦兹在华盛顿的美国科学促进会的一次讲演中提出:一只蝴蝶在巴西扇动翅膀,有可能会在美国的得克萨斯引起一场龙卷风。他的演讲和结论给人们留下了极其深刻的印象。从此以后,所谓"蝴蝶效应"之说就不胫而走,名声远扬。产生"蝴蝶效应"的原因在于:蝴蝶翅膀的运动,导致其身边的空气系统发生变化,并引起微弱气流的产生,而微弱气流的产生又会引起它四周空气或其他系统产生相对的变化,由此引起连锁反应,最终导致其他系统的极大变化。此效应说明,事物发展

# 第一章 成也细节，败也细节

的结果，对初始条件具有极为敏感的依赖性，初始条件的极小偏差，将会引起结果的极大差异。

"蝴蝶效应"之所以令人着迷、令人激动、发人深省，不但在于其大胆的想象力和迷人的美学色彩，更在于其深刻的科学内涵和内在的哲学魅力。混沌理论认为混沌系统中，初始条件的十分微小的变化经过不断放大，对其未来状态会造成极其巨大的差别。

所以，在工作中尤其要注重细节，从小事做起。正如汪中求先生在《细节决定成败》一书所说的："芸芸众生能做大事的实在太少，多数人的多数情况总还只能做一些具体的事、琐碎的事、单调的事，也许过于平淡，也许鸡毛蒜皮，但这就是工作，是生活，是成就大事的不可缺少的基础。"由此，我们提倡注重细节、把小事做细、做实。

拿破仑是一位传奇人物，在世界各地都拥有一大批崇拜者。"这世界上没有比他更伟大的人了"，英国前首相丘吉尔曾经这样评价他。这位军事天才一生都在征战，曾多次创造以少胜多的著名战例，至今仍被各国军校奉为经典教例。然而，1812年的一场失败却改变了他的命运，从此法兰西第一帝国一蹶不振，逐渐走向衰亡。

1812年5月9日，在欧洲大陆上取得了一系列辉煌胜利的拿破仑离开巴黎，率领60万大军浩浩荡荡的远征俄罗斯。法军凭借先进的战法、猛烈的炮火长驱直入，在短短的几个月内直捣莫斯科城下。然而，当法国人入城之后，市中心燃起了熊熊大火，莫斯科城的四分之三被烧毁，6000多幢房屋化为灰烬。俄国沙皇亚历山大采取了坚壁清野的措施，使远离本土的法军陷入粮荒之中，即使在莫斯科，也找不到干草和燕麦，大批军马死亡，许多大炮因无马匹驮运不得不毁弃。几周后，寒冷的天气给拿破仑大军带来了致命的打击。在饥寒交迫下，1812年冬天，拿破仑大军被

## 细节决定成败

迫从莫斯科撤退,沿途大批士兵被活活冻死,到12月初,60万大军只剩下了不到1万人。

关于这场战役失败的原因众说纷纭,但谁又能想到是小小的军装纽扣起着关键的作用呢!原来拿破仑征俄大军的制服上,采用的都是锡制纽扣,而在寒冷的气候中,锡制纽扣会发生化学变化成为粉末。由于衣服上没有了纽扣,数十万拿破仑大军在寒风暴雪中"敞胸露怀",许多人被活活冻死,还有一些人因寒冷得病而死。

小事不能小看,细节方显魅力。小小的疏忽有可能发展成大漏洞,许多看起来不重要的细节最终却破坏了大局。"以管窥豹,可见一斑"。我们要学会从生活中的一些细枝末节的小事洞察秋毫,从而感悟到一个人的内在精神。

## 06 变"闲"为"不闲"

滴水成河。用"分"来计算时间的人,比用"时"来计算时间的人,时间多59倍。

对于大部分人来说,"闲"的时间就是用来娱乐、休息的时间,很少有人想过要利用这"闲"的时间搞出点名堂。

本来和你约好共进午餐的人迟到了,或者说好要来接你的车子还没来,或者你到银行办事却需要排长长的队伍……生活中,类似的事情很多,但是在等待中,这些琐碎的时间总会被我们无意识地浪费掉,被我们称之为"闲"。而在工作时,我们又忙得团团转,找不到一时半刻休息的时候,常常抱怨时间不够用,害怕工作完成不了,这就是我们通常说的"忙起来忙死,闲起来闲死"。

试想一下,如果我们能够把这些"闲"变成"不闲",就能从中挖掘出不少琐碎的时间,让我们的"闲和忙"均衡协调。不要小看这些点点滴滴的小"闲",如果时时刻刻都能把它利用上,对于我们减轻工作压力,弥补办公时间不足、提高办公的效率,是大有益处的。

做业务员的人常可发现,在接待室中等待谈生意的时间足够他们用来做些文书的工作,如上次与某位客户接洽的报告,对顾客的销售计划做一个摘要、做电话回访的计划、重新设定预算,等等。只要你用心,每个人都能找到一些可供利用零碎时间来做事。

时间是由分秒组成的,用"秒"来计算时间的人,会比用"分"来计算

## 细节决定成败

时间的人更懂得怎样利用一分钟,因为他们能在 60 秒之内节省更多、利用更多,而不会因为仅仅是一分钟就把它无情地浪费掉。所以善于利用"闲"的时间的人,总能做出更大的成绩。

蒙特拉尼受聘于美国一家著名的法律咨询公司,她的工作能力和效率都令顾客很满意,所以她每年可以接到很多大型法律案件的咨询工作。她总要频繁地往返于美国的各个州之间,所以她的大部分时间都是在飞机上度过的。

蒙特拉尼之所以能受到顾客的信赖,除了她自身的法律知识过硬以外,就是她有一种很强的亲和力,能和客户保持良好的关系,让顾客乐意让她服务。蒙特拉尼自己有一种很特殊的方法去处理她和客户的关系,那就是在处理案件之前给顾客发 E-mail。这样做不但可以和顾客保持很亲切的关系,还能从顾客回复的 E-mail 中了解她需要处理案件的具体情况,方便提前做出分析,提高工作效率。

蒙特拉尼的这个方法非常有效,但是这项工作费时费力。而蒙特拉尼处理这项工作都是利用等飞机和飞机上的时间用手提电脑完成的。

有一次,一位同样等待飞机的女士看到了她工作的情景,禁不住好奇地问她:"在近两个小时里,我注意到你一直在发 E-mail,如果你是因为工作才这样做,那么你一定会得到老板重用的。"蒙特拉尼笑着回答:"你猜对了,我正是在给我的顾客发 E-mail 呢!我的确受到了重用,现在已是公司的副总了!"

从蒙特拉尼的这个例子中我们可以总结出:谁善于利用时间,谁就会拥有"超值时间"。作为一名员工,当你能够高效率利用时间的时候,对时间就会有一种全新的认识,知道一秒钟的价值,会算出一分钟时间究竟能做多少事。

把零碎的时间用来做零碎的工作,从而最大限度地提高工作效率。比如在车上时,在等待时,可用于学习,用于思考,用于简短地计划下一个行动等。充分利用"闲"的时间,短期内也许没有什么明显的感觉,但长年累月,将会有惊人的成效。

善于抓住点点滴滴的时间进行工作,把"闲"变为"不闲",工作中的时间就不会再紧张,即使是一些平时做不完的工作也能够顺利地做完,并从中获得一定的收益。

一位叫安娜的总裁助理,总会把公司需要处理的信件放到车里一部分,还在车里准备了一把剪刀。安娜会在堵车严重或者等待红绿灯的时候拆阅这些信件。安娜所处理的这些信件中有50%都是垃圾信件,对于公司毫无益处。在安娜看来如果把这些信件放到上班的时候去处理,会浪费很多宝贵的时间。身为总裁助理的她,几乎一到公司就没有了闲散时间来忙活这些利用价值不高的信了。但是她能够利用这些看起来"闲"的时间,将这些信件处理掉,既能缓解堵车时郁闷的心情,又能把其中有用的信件摘选出来。有利用价值的信件在到达办公室之后,就可以直接进行简单的处理,而那些没有价值的垃圾信件则直接丢到垃圾桶里,节省了大量的办公时间。安娜办事效率高,因此总裁很器重她。

只有把"闲"变为"不闲",才能充分体现工作的效率和价值,才能为自己和公司节约大量的工作时间。谁做到了这点,谁就是优质高效的代言、是优秀员工的象征。

细节决定成败

## 07　用做大事的心态做好小事

那些一心想做大事的人常常对小事嗤之以鼻,不屑一顾。其实,连小事都做不好的人,大事是很难成功的。

"合抱之木,生于毫末。九层之合,起于垒土。"面对每一件事情,我们都应该抱着良好的积极心态去做,即使是做一些表面上看起来是小事的事情,也应该用做大事的心态去处理。

一位年轻的修女进入修道院以后一直从事织挂毯的工作,但在做了几个星期之后她便对这份工作感到厌烦。她感叹道:"给我的指示简直不知所云,我一直在用鲜黄色的丝线编织,却突然又要我打结,把线剪断。这份工作完全没有意义,真是在浪费生命。"

身边正在织挂毯的老修女却对她说:"孩子,你的工作并没有浪费时间,虽然你织的是很小的一部分,但却是非常重要的一部分。"

当老修女带着她走到工作室里摊开的挂毯面前时,年轻的修女呆住了。原来,她们编织的是《三王来朝》图,而黄线织出的那一部分则是圣婴头上的光环。她没想到,在她看来不值得做的工作竟是这么伟大。

也许,你暂时无法看到整体工作的美丽,但是,如果整体的工作缺少了你那一部分,可能就什么都不是了。可以说,任何工作都不是小事,在企业中,每个员工都是企业运转的一个环节,他们的工作质量影响到整个企业的工作质量。

所以,对每个人来说,最重要的是将重复的、简单的日常工作做精细、

# 第一章　成也细节，败也细节

做到位，用做大事的心态努力去做好每一件小事，并恒久地坚持下去，这样的人才有可能获得更大的成功。

辛齐格是一位非常出色的比利时演员，他非常注重自己演出的每个细节。《基督受难》是比利时非常著名的舞台剧之一，辛齐格一直都是剧中受难耶稣的扮演者。他凭借高超的演技与忘我的境界将耶稣演得出神入化，常常让观众觉得自己似乎不是在看演出，而是真的看到了再生的耶稣。

一天，一对远道而来观看演出的夫妇在演出结束之后来到后台，他们想见见辛齐格，并与他合影留念。辛齐格高兴地接受了他们的要求。合影后，丈夫一回头看见了靠在旁边的巨大木头十字架，那就是辛齐格在舞台上背负的道具，丈夫一时兴起，对妻子说："你帮我照一张背负十字架的像吧。"于是，他走过去，想把十字架放到自己的背上，但他用尽了全力也没拿动，这时他才发现那个十字架是用橡木做成的，十分沉重。

19

细节决定成败

在用尽全力之后,他不得不放弃了原来的想法。他站起身,一边抹去额头的汗水,一边对辛齐格说:"道具不是假的吗?你每天都扛着这么重的东西演出,不累吗?"

"如果感觉不到十字架的重量,我就演不好这个角色。在舞台上扮演耶稣是我的职业,和道具没有关系。"辛齐格解释道。

可以说,许多伟大的事业或成就都是这样通过不经意的小事不断地积累而来的。人类社会如此,大自然也是如此。所以工作中,我们一定要用做大事的心态做好每一件小事,并把它们做到位。

## 08　小细节决定大结果

细节的准确、生动可以成就一件伟大的作品,而疏略细节则会毁坏一个完美的成果。

日本东京贸易公司的一位专门负责为客商订票的小姐,为德国一家公司的商务经理购买往来于东京、大阪之间的火车票。不久,这位经理发现了一件怪事:每次去大阪时,他的座位总是在列车右边的窗户,返回东京时又总是靠左边的窗口。经理问小姐其中的缘故,小姐笑答:"车去大阪时,富士山在你右边,返回东京时,山又出现在你的左边。我想,外国人都喜欢日本富士山的景色,所以我替你买了不同位置的车票。"就这么一桩不起眼的小事使这位德国经理深受感动,促使他把与这家公司的贸易额由 400 万马克提高到 1200 万马克。

"一叶绿而知春",故事中的这位小姐连这样的细节都能想得这么周

## 第一章 成也细节，败也细节

到，可以说，她的所作所为正反映出了整个公司的素质或水准。日本东京贸易公司的管理制度再精，也不可能细到要考虑乘车的人看到风景这一条，而且不管制度多么先进，必须要员工去落实。故而，高素质的员工并不是将其定位于普通的符合要求，而是将其智能与精力集中在工作上，让每一件事情都做得尽善尽美，从而使得每个普通岗位都能发挥最大能量而为公司获取利润最大化。

一个员工在工作中认真细致，在细节上下大力气，也许就能得到别人意想不到的结果，在工作中便能轻松获胜。

"海不择细流，故能成其大；山不拒细壤，方能成其高。"说的是细小事物的巨大力量，但实际上很多人不明白这个道理，他们很少关注小事和事情的细节。忽略小事和事物的细节，对于一个想要出类拔萃的员工来说，实在是太不应该了。

有一天，一位中年妇女从对面的本田汽车销售行走进了施拉格的汽车展销室。她很想买一辆白色的本田轿车，但是本田车行的经销商让她过一个小时之后再去，所以先过这儿来瞧一瞧。

"夫人，欢迎您来看我的车。"施拉格微笑着说。妇女兴奋地告诉他："今天是我55岁的生日，想买一辆白色的本田车送给自己作为生日的礼物。"

"夫人，祝您生日快乐！"施拉格热情地祝贺道。随后，他轻声地向身边的助手交代了几句。

施拉格领着夫人从一辆辆新车面前慢慢走过，边看边介绍。在来到一辆雪铁龙车前时，他说："夫人，您对白色情有独钟，瞧这辆双门式轿车，也是白色的。"就在这时，助手走了进来，把一束娇艳的玫瑰花交给了施拉格。施拉格转身双手将这束漂亮的鲜花送给夫人，并再次对她的生日表

21

## 细节决定成败

示最忠心的祝贺。

那位夫人感动得热泪盈眶,非常激动地说:"先生,太感谢您了,我已经很久没有收到这么好的礼物和祝福了。刚才本田车行的推销商看到我开着一辆旧车,一定以为我买不起新车,所以在我提出要看一看车时,他就推辞说需要出去收一笔钱,我只好上您这儿来看一看。现在想一想,也不一定非要买本田车不可。"

就这样,这位夫人就在施拉格这儿买了一辆白色的雪铁龙轿车。施拉格对于细节的重视最终使那位妇女改变了只买本田车的想法而转买了雪铁龙轿车。对于细节的把握,正是施拉格推销成功的原因。

在2004年2月15日,吉林市中百商厦发生的特大火灾,造成了54人死亡、70人受伤,直接经济损失达400余万元。然而,谁也不会想到,这起严重事故的直接原因,竟然是由一个烟头引起的:一名员工到仓库卸货时,不慎将吸剩下的烟头掉落在地上,他随意踩了两脚,在并未确认烟头是否被踩灭的情况下,匆匆地离开了仓库。当日11时左右,烟头将仓库内的物品引燃。

这就是"一个烟头引发的惨案":54 人死亡！70 人受伤！400 余万元财产灰飞烟灭！

表面上看,这是一场由小小的烟头引发的人间惨剧,但仔细想想,夺去那 54 条人命的不是现实中忽明忽暗的烟头,而是工作人员的马虎轻率——这是另一个深藏在人们心中的更为可怕的烟头。

有一些企业,一旦在工作中出现问题,总是一遍遍思考营销战略、推广策略哪儿出了毛病,从来不会去思考对细节的落实的认真审核和严格监督。因此,在企业的各个环节中,表面上看来微不足道的事情,其中往往蕴藏着大的结果。细节的准确、生动可以成就一件伟大的作品,而疏略细节则会毁坏一个完美的成果。

## 09　90%背后的玄机

在工作中你应该以最高的标准严格要求自己,能做到最好,就必须做到最好,能完成百分之百,就绝不只做到 90%。

在从小到大的无数次的考试中,我们都清楚:60 分是及格线,100 分似乎比较困难,而 90 分则是一个可以引以为豪的分数了。工作中也是如此,很多人认为:"把工作做到 60% 太危险,会被公司炒鱿鱼;做到 100% 太辛苦,也不太现实;把工作做到 90% 就很不错了。"

但这个"很不错"真的不错吗?

我们可能没有想过,工作过程是由一个个细微的环节串联而成的,每个环节都以上一个环节为基础,各环节之间互相影响的关系是以乘法为

## 细节决定成败

基准最终产生结果,而不是百分比的简单叠加。环环相扣的一系列过程结束后,"很不错"的90分最终带来的结果可能是59分——一个不及格的分数,这就是过程控制效应。

我们可以这样计算一下:如果一件产品从生产到销售需要5个环节,而每个环节的操作者都以做到90%为目标,该产品质量最后的结果就是90%×90%×90%×90%×90%=59%。看到这个结果可能会让你吃惊,但事实就是如此。

一个集约化的现代经营过程需要经过构思、策划、设计、讨论、修改、实施、反馈、再修改等诸多环节,如果你不认真对待每一个环节,不及时反馈和修正每一个环节,不致力于每一个环节的完美,而是想当然地认为"结果不会有太大问题",那么,最终的结局可能就是像公式表示的那样,这个环节你做到了90%,下一个环节还是90%,在5个环节之后,你的工作成绩绝不会是90%,而是59%——一个会被激烈的竞争环境淘汰的分数。

在有些情况下,可能还会低于这个分数,甚至变成负数。到了这个时候,如果你再想按照100%的标准重新工作,就意味着时间和资源的浪费,意味着效率低下和错失良机,意味着先前的努力付诸东流。

在工作中,很多人常常好高骛远,不愿认真工作,对待工作中出现的一些小问题,一些小错误从不愿深究,听之任之。他们的论点是,假如我所犯的错误性质十分严重,该由我承担责任,但如果是芝麻大的一点小错,再去那么认真计较,难免有点小题大做,根本没有这个必要。殊不知,有时1%的错误却会带来100%的失败。

1967年8月23日,苏联的"联盟一号"宇宙飞船在返回大气层时,突然发生了恶性事故——减速降落伞无法打开。最后苏联中央领导经研究决定：向全国实况转播这次事故。当电视台的播音员用沉重的语调宣布，宇宙飞船在两小时后将坠毁，观众将目睹宇航员弗拉迪米·科马洛夫殉难的消息后，举国上下顿时都被震撼了，人们都沉浸在巨大的悲痛之中。

在电视上，观众看到了宇航员科马洛夫镇定自若的形象。这时，科马洛夫的女儿也出现在电视屏幕上，她只有12岁。科马洛夫说："女儿，你不要哭。""我不哭……"女儿已泣不成声，但她强忍悲痛说，"爸爸，你是苏联英雄，我想告诉你，英雄的女儿会像英雄那样生活的！"科马洛夫叮嘱女儿说："你学习时，一定要认真地对待每一个小数点。'联盟一号'今天发生的一切，就是因为地面检查时忽略了一个小数点……"

时间一分一秒地过去了，距离宇宙飞船坠毁的时间只有7分钟了。科马洛夫向全国的电视观众挥挥手说："同胞们，请允许我在这茫茫的太空中与你们告别。"

一声爆炸，整个苏联一片寂静……

一个人成功与否，不在于他得到什么，而在于他是不是无论做大事还是小事都力求做到最好。成功者无论从事什么工作，都不会轻率疏忽。因此，在工作中你应该以最高的规格要求自己。能做到最好，就必须做到最好，能完成百分之百，就绝不只做到百分之九十九。

一个管理学大师说过，小事影响品质，小事体现品位，小事显示差异，小事决定成败。如果每个人都能够从身边的小事做起，对自己严格要求，对待工作严肃认真，就一定能够获得成功。

# 第二章
## 把工作中的小事做细

想成就一番事业的人很多,但是能把工作中的每件小事做细的人却很少。我们不缺少雄韬伟略的战略家,缺少的是精益求精的执行者;不缺少各类规章制度,缺少的是对制度不折不扣地执行。要做成大事,就必须从小事做起,把小事做好,把小事做细。

# 细节决定成败

## 01 把小事做细，把细事做透

看似微不足道的东西有时可以影响到人的一生，平时多注重细节，成功就可能属于你。

细节管理专家汪中求先生有句名言："布置并不等于完成，简单并不等于容易。"

细节成就完美。无论你从事什么样的工作，扮演何种角色，都应该从点滴入手，从细节入手。把小事做细，把细节做透，不仅是对员工的要求，同时也是企业发展的需要。在产品和服务越来越同质化的今天，注重细节是企业竞争的制胜一招。

在对待细节、小事的态度上，海尔集团给企业做出了很好的榜样。

海尔原冰箱二厂一名干部上班打瞌睡，海尔集团总裁张瑞敏毫不留情地处罚了他，震撼了集团干部。张瑞敏认为，他的事反映了当时干部中一种普遍的思想倾向，觉得企业发达了，日子好过了，心中不免产生了一些骄傲自满的情绪：企业发展到今天，自己没有功劳也有苦劳，即使工作中出点毛病，也不能像过去创业时那样惩罚了。抓毛病就要抓带趋向性的毛病，干部中这样的风气滋长下去会非常危险，张瑞敏抓住这件小事进行处罚，以威慑整个集团的干部。这种趋向性的问题应该是领导人紧抓不放的。

这样的小事在海尔通常被视为事关全局的大事。

1997年，《海尔人》记者在刚搬进海尔园一个月的洗衣机公司，发现三楼女洗手间的卫生纸盒被加了一把锁，问清洁工为什么这样做，回答说:"员工素质太低,不加锁,纸就被人拿跑了!"于是记者发表文章《谁来"砸开"这把"锁"》,文章分析道:这一锁暴露了两方面的问题,一是员工观念、素质亟待提高。上锁,这很简单,但这锁能提高员工素质吗?卫生纸可以锁,其他问题呢?二是因为管理者头脑中有一把"锁":放弃了最艰苦的工作——教育员工、提高员工素质,没有把教育人当作"长期作战"的战略来部署。文章希望管理者能从头脑中"砸开"禁锢自己思路的这把"锁"!

这篇文章一发表,立刻引起了巨大反响,集团上下展开了一场"千锤重叩砸开这把锁"的大讨论。有人说:"洗衣机公司的客观环境得到了改造,主观世界也必须改造。一把锁是改变不了员工的主观世界的。锁,不仅解决不了问题,还会使员工产生逆反心理,结果只能适得其反。"有人说:"卫生纸盒加锁锁住了观念,锁住了员工素质再提高的契机。"洗衣机公司的许多员工对卫生纸上锁表示了愤慨,他们说员工的素质并不像管理者想象的那样,到了卫生纸非得上锁的地步。

集团大抓此事,让所有员工参与讨论,反思一下自身的素质状况:生活中的锁打开了,头脑中的"锁"呢?

以小见大,以小带大。海尔的这种做法充分说明了小事的作用,说明了工作中无小事。约翰·洛克菲勒曾说:"当听到大家夸奖一个年轻人前途无量时,我总要问:'他努力工作了吗?认真对待工作中的小事了吗?他从工作细节中学到东西了没有?'"可以说,无论是领导者、管理者,抑或是员工,一个普通的人,都不能忽视小事。

阿基勃特是美国标准石油公司的一名小职员,他在出差时,每一次住旅馆都会在自己签名的下方写上"每桶标准石油4美元"的字样,连平时的书信和收据也不例外,只要签了名就一定要写上这几个字。因此,他被同事起了个"每桶4美元"的外号。渐渐地,他的真名倒没有几个人

## 细节决定成败

叫了。

公司董事长洛克菲勒先生听到这件事后十分惊奇,心里想:"竟有如此努力宣传自己公司声誉的职员,我一定要见见他。"于是,他邀请阿基勃特共进晚餐。后来,洛克菲勒先生卸任后,阿基勃特成了第二任董事长。

在签名时署上"每桶标准石油4美元",在常人看来,这是一件小事。并且严格来说,它不在阿基勃特的工作范围之内,但他全力以赴地一直坚持着,并把它做到了极致。尽管遭到了许多人的嘲笑,他始终坚持。在嘲笑他的那些人中,可能有不少人的才华和能力在他之上,可是最后,只有他成了董事长。

学会从小事做起,它是成功的基本保证。小事不能小看,要以认真的态度做好工作岗位上的每一件小事,以责任心对待每个细节。只有小事做细了,细事做透了,才能在平凡的岗位上创造出最大价值。

## 02 重视工作中的每一件小事

所谓大事小事,只是相对而言。很多时候,小事不一定就真的小,大事不一定就真的大,关键在做事者的态度。

一个英国青年和一个犹太青年一同去找工作。一天,他们同时看到有一枚硬币躺在地上,英国青年看也不看就走了过去,犹太青年却激动地将它捡了起来。

两个人同时走进一家公司。公司很小,工作很累,工资也低,英国青年不屑一顾地走了,而犹太青年却高兴地留了下来。

两年后,两人在街上相遇,犹太青年已成了老板,而英国青年还在寻找工作。

真正想成就大事的人，从来不会小看小事的作用，他们总是把工作做到每一个细节处，从而赢得老板的赏识，获得更多的发展机遇。

一个年纪轻轻就身居高层的成功人士在总结自己的成功经验时说："如果你想使绩效达到卓越的境界，那么你今天就可以达到。不过你得从这一刻开始，摒弃对小事无所谓的恶习才行。因为每个人所做的工作，都是由一件件小事构成的，对小事敷衍应付或轻视懈怠，将影响你最终的工作成绩。"

无论在生活中还是在工作中，没有一件小事，小到可以被你不屑一顾；没有一个细节，细到应该被你熟视无睹。即使是最普通的事，也不能成为我们敷衍塞责或轻视懈怠的借口，我们应该全力以赴，尽职尽责地去完成。有时，正是一件看起来微不足道的小事，或者是一个毫不起眼的变化，却能改变你在职场上的胜负。所以，在工作中，对每一个变化、每一件小事，我们都要全力以赴地做好。

史蒂芬是哈佛大学机械制造业的高材生。他非常想进入美国最著名的机械制造公司——维斯卡亚公司。但公司高级技术人员已经爆满，不再需要各种技术人员。为了能进该公司，史蒂芬采取了一个特殊的策略——假装自己一无所长。

他首先找到公司人事部，提出为该公司无偿提供劳动力，无论公司分派给他任何工作，他都不计任何报酬来完成。公司觉得这简直不可思议，但考虑到不用任何花费，也用不着操心，于是便分派他去打扫车间里的废铁屑。

史蒂芬就这样勤勤恳恳地重复着这种简单但却非常辛苦的工作。为了糊口，下班后他还要去酒吧打工。日子虽然很苦，但他相信这种别人眼中不屑一顾的小事，一定会给他带来巨大的帮助，做这些小事是他能进入

31

## 细节决定成败

公司的唯一机会。

机会终于降临了。20世纪90年代初,公司的许多订单纷纷被退回,

理由均是产品质量问题,为此公司蒙受了巨大的损失。公司董事会为了挽救颓势,紧急召开会议商议对策,当会议进行一大半却未见眉目时,史蒂芬闯入会议室,提出要直接见总经理。

在会上,史蒂芬对目前出现的这一问题的原因做了令人信服的解释,并且就工程技术上的问题提出了自己的看法,随后拿出了自己对产品的改造设计图。这个设计非常先进,恰到好处地保留了原来机械的优点,同时克服了出现的弊病。

总经理及董事会的董事们见到这个编外清洁工如此精明在行,便询问他的背景以及现状。史蒂芬当即被聘为公司负责生产技术的副总经理。

原来,史蒂芬在做清扫工时,利用清扫工到处走动的机会,细心察看了整个公司各部门的生产情况,并一一做了详细记录,他发现了存在的技术性问题并想出了解决的办法。为此,他花了近一年的时间搞设计,获得了大量的统计数据。

可以说，只有从小事开始，把每一件小事都做好，一步一个脚印地向上攀登，才能成就大事。重视小事的态度，实际上也反映了一个人的综合素质，这样的人能够得到更多人的认可，从而有更多做大事的机会。只有我们把小事情做好，才能做得起大事情，也才会得到更加出色的成果。

但在工作中，真正能体会到小事重要性的人却少之又少。那些成绩平庸的人都或多或少地沾染上了无视小事的恶习。许多人在接到一项新任务后，首先做的事情是一一剔除穿插其中的诸多烦琐的细节。他们认为，这些琐碎的细节只会浪费宝贵的时间和有限的精力，结果"聪明反被聪明误"。整项工作由于缺少细节的连接，在衔接上出现了脱轨现象，进而导致工作进度一再受阻，难以高质量地按期完成任务。

凡事都要从小事做起，没有捷径可以帮助你迅速获取成功、一夜成名。没有一点一滴的积累，你永远将与成功和金钱失之交臂。无论是事业还是财富，都是聚沙成塔的，不要好高骛远，否则你什么也得不到。有远大的志向是必要的，但不能只做大事，而忽略小事。要知道每一个大目标的达成都是小成功的累积；每一个小目标的完成，都是向大成功迈进了坚实的一大步。

在工作中，哪怕事情微不足道，你也要认认真真地把它做好，尽自己最大的努力做到最好。

## 03　保持办公桌的整洁有序

整理办公桌的过程实际上也是整理你的思路的过程，不管你有多么忙，也要把办公桌收拾得像你的内心一样，让它整洁、有序。

## 细节决定成败

上班才 3 个月，在市场部工作的小亮的办公桌就已堆得像座小山了，跟读书时男生寝室一样凌乱。一天上午，老板找他要份材料，他找了半天才找出来。当他把材料送到老板那里去的时候，老板自己早就找到而且看完了。尽管老板没批评他，但小亮当时真恨办公室没有老鼠洞让自己钻进去。

小亮也知道，办公桌上堆那么多东西，既不雅观，又影响工作效率。但是，这么多资料，哪些资料要保存，哪些文件可以废弃，小亮把握不了，他怕自己一旦把什么重要文件弄丢了，到时候吃不了兜着走。

走进办公室，一抬眼便看到办公桌上堆满了各类文件、信函等东西，凌乱不堪，很容易给人留下一个不好的印象。

有些人没有养成整理办公桌的习惯，而这样的人也总有一堆的借口，因为自己太忙了，根本无暇分心在这些小事上，或是怕清理东西时，把需要的或是有价值的文件也一起清理掉了，所以，他们总是把那些有用的以及过时的文件都堆在案头，让自己埋首其中去工作。

其实，这是一种忙而无序的表现。这种情形不仅会加重你的工作负担，还会影响你的工作质量。

混乱的桌面使人无法专心地从事某一项工作，因为你的视线不断地被其他的东西所吸引而转移注意力。杂乱也会使人紧张并有挫折感，这种感觉使人觉得精神散乱，而且好像有被"积雪"压在下面的沉重感。

所以说，很多时候，让你感到疲惫不堪的往往不是工作中的大量劳动，而是因为你没有良好的工作习惯——不能保持办公桌的整洁有序，从而降低了办公室生活的质量，也就是说，是这种不良的工作习惯加重了你的工作任务，从而影响你的工作热情。

有的人把杂乱当作是分门别类的方式。他们的办公桌上永远都是有文件漩涡般地散放着,然后他们以为最重要的文件会自动浮到上面来。这是他们工作的方式。如果要这些人保持桌面的整洁,就好像要他们穿上紧身夹克一般难受。

其实,办公室就像一面镜子。从办公桌的整洁状况,可以反映出你为人的作风和办公的效率。因此,对待办公桌也要像呵护自己的内心一样,不但要纤尘不染,而且要脉络清晰。

整理办公桌的过程实际上也是整理你的思路的过程,一旦发现你的办公桌凌乱无头绪时,花点时间整理一下。把所有的文件纸张,重新再看一次,并尽量使你的纸篓发挥功能,然后把剩下的文件归类放好,以保持办公桌的整洁有序。

由此,你可以遵守"三个月原则"。任何在你办公桌上放了3个月而没有被使用的东西,就该毫不犹豫地处理掉。在每天下班回家之前,把办公桌稍事整理,是个标准的好方法。把明天必用的、稍后再用的或不再用

的文件都按顺序放置并保持桌面的整洁,这样能使第二天的工作有个好开始。

美国西北铁路公司前董事长罗兰·威廉姆斯曾经说过:"那些桌子上老是堆满乱七八糟东西的人会发现,如果你把桌子清理一下,留下手边待处理的一些,会使你的工作进行得更顺利,而且不容易出错,这是提高工作效率和办公室生活质量的第一步。"

著名心理学专家理查·卡尔森有一个被命名为"快乐总部"的办公室。那里的一切,包括办公桌都那样整洁、有序,处处给人以明亮、宁静之感。去拜访他的人都会喜欢上他的办公室,而且在离去时心情总是比来时要好得多。

一个优秀的职场中人会保持"日事日毕,日清日高"的习惯,办公桌上的文件,按急的、缓办的和一般性的分门别类地摆放,有条有理,井然有序。

不管你有多忙,也不管你有多少借口,都一定要抽出一点时间好好整理一下你的办公桌。这个习惯养成之后,会给你带来热情积极的工作态度,也会使你繁重的工作变得有条不紊,充满乐趣。

## 04　不要占用公司的一张纸或一支笔

上班时全身心地投入工作,不占用上班时间处理私事;下班后,不顺手拿走公司的一针一线。注意这些细小之事,对你的职业生涯,甚至人生都有益处。

在一家公司上班,时间长了,一些人就很随意地把公司的物品私自拿

## 第二章 把工作中的小事做细

回家使用,小到一张纸、一支圆珠笔,大到电脑等,并且顺其自然忘情地使用这些免费资源。

一个信封、一沓稿纸、一支圆珠笔等物品,尽管并不值钱,但它们是公司的共有财物,如果被你顺手牵羊拿回家,无形之中,反映了你的职业操守和道德品质。

凯恩是一家公司的采购部职员。一天,他看到公司定制的圆珠笔、复印纸异常精美,便不断地拿些回去,给他上学的女儿使用。这些东西被女儿的老师看见了,而该老师的丈夫恰好正是与这家公司有业务往来的高级主管。

他了解了这件事后,说道:"这家公司的风气太坏了,公司的员工只想着自己而不是公司!这样的公司怎么能有诚意做好生意呢?"于是,他中止了与该公司的合作计划。公司的合作计划被中止以后,老板大为恼火,下令在全公司范围内调查此事。经过多方查证,最终,凯恩被揪了出来,他被开除了。

凯恩大约不会想到自己不经意拿这些小东西回家竟然能让与他公司合作的对方公司的高级主管知道。谁会想到计划的中断,竟然是由这些小东西造成的呢?估计更想不到的是他竟然因为这一小小的举动而丢了工作。

越是这样小的细节越应该引起人们的足够重视,也许你的一个不经意的举动就会成为人家的话柄,那样你就因小失大了。不要以为你做的事神不知鬼不觉,总会有人注意到你的。不贪小利,你在老板眼中才是可信的。

在工作中,任何细节都会事关大局,牵一发而动全身。每一件细小的事情都会通过放大效应而凸显其重要影响。

也许你会认为:占用公司一张稿纸、一支圆珠笔没有什么大不了的,

37

## 细节决定成败

这些不值钱的东西,用用又有什么关系呢?如果你真这样想,那就大错特错了。一个人职业品质的好坏,往往从细小的地方表现出来,俗话说:"不因善小而不为,不因恶小而为之。"不要小看一张纸或一支笔,它所造成的伤害,会比你想象的要严重得多。许多人在职场打拼多年,没有取得成功,就是败在自己不良的职业操守上。

公司的物品不是免费资源,你必须坚持原则,时时处处严格要求自己,养成不拿公司一针一线的习惯。即使别人都在那样做,你也绝对不能跟着去仿效。

有些人往往无意间占用公司的时间或物品去做自己的事,有些人心安理得去占公司的便宜,揩公家的油,认为公家的便宜不占白不占。其实,这样做无形之中会影响到公司的生产成本,加重公司的负担,更为严重地说,甚至会影响到公司的正常发展。

上班就是上班,这个时间归公司所有,绝不可因私事而耽误上班的时间。在公司里不要利用上班时间做私事,更不可溜出去做自己的事,也不可以趁机用公司的电话讲私人的事情,一旦老板知道你的这些不良行为,会给他留下很坏的印象,从而直接影响到你在职场上的发展。

也许你会辩解说你不是故意占用公家的时间,而是因为上班时间内突然有私客来访而不得不接待。如果真的出现这种情况,而且公司有相关规定的话,你就必须遵守相关的请假规定。否则,即使上司同意你会客也要长话短说,如果不能在短时间内解决,就必须按公司规定办理请假手续。

可能你没注意到这样的细节,在你用办公室的电话"煲粥"时,已经影响到同事的正常工作,即使你装作一副并非私事的样子,或是很小声地怕别人听到,大家也会用厌烦的眼光盯着你。如果上司就在身边的话,那你更是自招祸患了。如果你已经因此多次受到警告,却依然不注意改正的话,那被公司辞退是迟早的事。

占用上班时间做私事、在公司打私人电话,或者是随便拿公司的一张纸或一支圆珠笔,这些都是贪占公司的小便宜,从这些小事中可以看出一个人的职业品德。要做到上班时全身心地投入工作,不占用上班时间处理私事;下班后,不顺手拿走公司的一针一线。注意这些细小之事,对你的职业生涯,甚至人生都有益处。

## 05 和上司谈话时,关掉手机

手机的声音会影响到别人的工作,会给平静的气氛增添不协调的声音,所以在工作时或在一些重要场合,要记得把手机关掉。

不知道你是不是有这样的体验:当你参加某个庄重的会议,或在某种严肃的场合,主持人总是在开始之前要提醒大家把手机关掉,这样做的目的,就是怕你手机的声音影响别人,给平静的气氛增添不协调的声音。

有教养的人,在严肃的场合,一般都会主动关掉自己的手机,如果凑巧没关手机,当电话打进来时,也不会去接电话而是迅速地关掉手机,不会让自己的手机声影响到别人。

有一个员工,老板找他谈话安排工作,由于他平时从没有关掉手机的习惯,恰巧这时有电话打进来,他对老板说了声"对不起",就拿着手机出去接电话了。等他用了20分钟打完电话回来时,老板已经走了。他再去找老板,老板说:"你是大忙人,电话都接不完,你回去接电话吧,明天开始

## 细节决定成败

对不起

就不用来上班了!"

　　如果你正身处职场,一定要在以下几种场合内,把你的手机关掉。

　　1. 在办公室里尽量要把手机关掉。你的手机声音会让身边的同事感到厌烦,使别人无法安心工作。

　　2. 在老板跟你谈话时,最好要关掉手机。你的手机铃声一响,打断老板说话,打断老板的思路,就会影响老板的情绪。如果你当着老板的面接手机,那就更不好了,那是对老板极不尊重的表现。老板可能还会这样认为,你一天到晚不关机,是你对工作不尽心尽力。某些多心的老板还会认为你在利用手机办私事,这会让老板对你没有什么好印象。

　　3. 上班时间,要把手机的声音关掉,不让手机声音影响你和同事的工作。如果别人有事找你,可以在下班或休息的时间处理,这样不至于影响同事。

　　另外,公司与员工的关系是工作关系,办公室是工作的场所,员工应养成不随便接听手机的习惯。最好是把你的私事放在上班时间以外。上班时,可以把手机换成震动的模式,等到休息时再给对方打过去,这样既不影响工作,也能给老板留个好印象。

在和上司谈话时,应该关掉手机,事虽很小,但确是现代职场中应该多加注意的事情。

## 06　不在工作时间开辟第二产业

拿着老板的钱做自己的事,贪婪的利用办公时间去开辟"第二产业",会严重地影响本职工作,也会招致老板的不满。

当今社会,人们对金钱的需求越来越大,因此造成一些人在工作时间铤而走险,"脚踏两只船"或开辟"第二产业",想多挣一份钱来满足自身的需要。俗话说,一心不可二用,这样做肯定会顾此失彼,大大降低本职工作的效率和质量,会造成马马虎虎应付本职工作、挤出时间去忙"第二产业"的情况出现。这种做法和提高工作效率背道而驰,是所有老板最厌恶的。

工作时间开辟"第二产业",拿着老板的钱去做自己的事,一旦被发觉,后果也是不堪设想的。

小吴在编辑部里工作,薪水按说也不算少了,但是他并没有很安心地做事,平时总想着,应该趁自己年轻,在工作之余应该多赚一些钱。这本是一件无可厚非的事情,毕竟谁不想多赚些钱呢!但是他却用错了方法。

小吴的工作简单且自主:老板经常给他一个规定的时间,安排他写一些材料,唯一的要求就是如期交付合格就可以,而且一般给他的时间都不会太紧,当然也有个别要得急的。他接到任务总是拼命忙活,除了睡觉几

## 细节决定成败

乎挤掉了所有的休息时间来完成老板交给他的任务,然而完成后却并不忙着交差复命。那样做不是小吴工作积极性高,而是为了不耽误交差时间且做起别的事情会更放心。

如果"第二产业"留在下班时间来做,上班时间认真工作,完成老板交代的任务,那样也就没什么了,可是小吴却偏偏相反。小吴内心也很清楚:在上班时间做私事很危险,最重要的是不要被老板抓住。因此小吴便求公司里的一个要好的同事帮忙,让他在工作之余顺便给他"站岗放哨",老板若是来了提前示警通知他(因为那位同事的办公室在大厅里,很容易观察到老板的举动)。

从此以后,小吴更是肆无忌惮地在办公室里忙着"第二产业",不用担心老板的突击检查了。一旦老板准备到他这儿来,同事便会提前示警,小吴就会迅速地将电脑画面切换到要交付的任务上去,真是万分保险。

可是"万"里毕竟有个"一",有次老板又给他布置了一个任务,挺轻松的一个任务却给了他三天时间完成。小吴只用了一天就把这个任务摆平了,其余的上班时间全用在了"第二产业"——兼职稿件上了。

老板的车最近几天都没有出现在公司的门口,小吴以为老板一定是出门办事去了,就更加放心大胆地忙活开了。谁知当他做得正起劲的时候,忽然瞥见了老板在背后冷冷的看着他,小吴的心里有一种毛骨悚然的感觉。老板没说什么,转身离开了。

小吴后来才知道,那个"站岗放哨"的同事那天调休……

等小吴交完了手头的这个任务,老板便要他去财务那里领3个月的薪水,然后对他说:以后可以不用在上班时间偷偷摸摸去做别的工作了。他被辞退了。

所以说,不管老板在不在,不管主管在不在,不管公司遇到什么样的

挫折,你都有责任全力以赴,帮助公司、老板去创造更多的财富,这才是工作的第一原则。如果你是在为别人工作,如果只能在别人的监管控制下才肯努力工作,那么注定你一辈子都不会有什么作为。

如果不踏实本分地赚一份钱,也会引起一些不必要的误会。

丽娜是一名很有能力的会计,在一家小的公司做得得心应手,几乎成了老板身边不可或缺的人,毕竟公司的实力有限,不能给丽娜更多的报酬。有一家很有实力的公司看中了丽娜,许诺了更高的薪金要挖她去那边工作。经过再三思量,丽娜还是没能经受住高薪的诱惑,毅然决定辞职去更有前途的公司了。

有一天,原公司的老板突然找到她,说公司一直没有找到合适的会计,希望她能利用业余时间帮忙公司打理一下账目,当然会给她一定的报酬。丽娜碍于面子,另外也想轻松赚些钱,便没有推辞,时常利用休息时间回去打理账目。

后来,在一次投标中,她原来的那家小公司以微弱的优势战胜了她现在的这家公司,本来现在所在的公司志在必得,可是却没有争到这个项目，因此损失惨重。当现在的老板知道丽娜同时还在为原来公司工作的情况后，训斥她不该"脚踏两只船"，向原来的公司泄漏公司机密。虽然丽娜心里清楚她并没有这样做，可又有谁能够相信她呢？

一旦你在工作时间开辟了"第二产业"，会产生以下几种消极影响：

1. 被同事发现，他们会认为你不务正业，进而觉得你的人品不会太好，渐渐远离你。

2. 这样工作的效率和质量谁也不敢恭维，是一种应付差事的表现。

3. 利用老板花钱雇佣的时间做私人事情不合乎道德要求，如被老板发现，无论老板怎样处理，也不会有人同情。

金融界的杰出人物罗塞尔·塞奇说："单枪匹马既无阅历又无背景的年轻人，起步的最好方法：首先，谋求一个职位；第二，珍惜这份工作；第三，养成忠诚敬业的习惯，不把工作时间私用；第四，认真仔细观察和学习；第五，成为不可替代的人；第六，培养成有礼貌、有修养的人。"

只要你在办公室做到了这些，赚得的那一份工资也会与日俱增，还会得到老板和同事的信任与欣赏。

## 07　上班时不做最后一个，下班时不做第一个

办事准时、守时是获得别人信任的手段，做生意、签协议最讲求时效，所以，要严格遵守上班与下班的时间。

如果你去问许多职场上的成功人士，他们的成功秘诀是什么？可能

## 第二章 把工作中的小事做细

许多人会回答你这样一句话："要当那个早晨第一个到办公室,晚上最后一个离开的人。"这句话换一个说法就是:"上班时不要做最后一个,下班时不要做第一个。"

平时不难发现,在我们的身边,经常有迟到早退或不能按时完成工作的人,他们经常受到上司的斥责甚至辞退。在那些人中,不乏才华横溢、能力突出者,可终因时间观念的问题而屡屡受挫,颇不得志。

李华是一个工作很出色的人,但他有一个毛病:上班迟到,下班早退。老板看在他工作出色的份儿上,没有说他什么。有一次,老板与他约好第二天要到一个客户那里签合同。头一天下班之前,老板叮嘱李华早一点来,不要迟到。可到了第二天早上,李华差不多迟到了半个小时。等到李华和他的老板一起驱车到达客户那儿的时候,比约定时间迟到了20分钟,客户已经离开了办公室,去出席一个会议了。

老板叫李华赶紧给客户打电话,客户对他说:"你们为什么迟到,害得我等了将近半个小时?"

李华以狡辩的语气回答:"是,我们知道。但是,20分钟是无关紧要的,你就不能等一等吗?"

客户严肃地说:"无关紧要?你要知道,准时赴约是一件极重要的事。你不能以为我的时间不值钱,以为等一二十分钟是不要紧的。老实告诉你,在那一二十分钟时间里,我本来可以预约另外两件重要的谈判项目的!"

李华说:"那我们再约个时间谈谈吧!"

客户说:"对不起,你们不守时,我怕你们到时完不成我们托付给你们的任务。"

仅仅因为迟到20分钟,就害得公司失去了已经落入手中的大好机会,给公司造成了不少的损失。老板一气之下,把李华辞退了。

45

## 细节决定成败

"我很喜欢那个无论什么事情都能按时完成任务的年轻人!"布朗先生说,"你很快就会发现,他是一个值得你最信赖的人,并且你很快就会愿意让他来完成一些非常重要的事情。"一个人办事一贯准时的好名声,就等于他已迈出了成功的第一步。有了第一步,成功对他来说就不会是很困难的事情。

办事准时、守时才能获得别人的信任,做生意、签协议最讲求时效,所以,你千万不要觉得上班下班或办事迟到几分钟无所谓。

别以为没有人注意你的出勤情况,也别以为老板经常不坐在办公室里,就不会注意到你的行踪,实际上你在办公室里的一举一动,老板都清清楚楚。

如果有一天,老板准时走进办公室,看到其他同事正在埋头工作,而你的座位空空如也,那么,无论你如何开脱,也很难挽回恶劣的影响了。

准时,是一种修养的表现。一个成功的职业人士这样告诫我们:"就算不能第一个到办公室,也不能做最后姗姗来迟的人。"在星期一早上,如果你能比其他人都早到一些,即使只是赶在别人还没有进办公室之前查查自己的电子邮件,或者整理一下办公桌,都会让自己提早进入工作状态。同时,跟周围的人比起来,你的精神会显得特别愉快,也绝对是当天最让上司眼前一亮的员工。

就算不能最后一个下班,也不要在众人都埋头工作时扬长而去。如果你充满自信地第一个离开办公室,任何人第一个浮现在脑海中的画面,就是你匆匆忙忙赶着下班的情景。做事守时的人总是会赢得他人的信任,这也将给你带来一些意想不到的好运。因为这明显地表现,我们的生活和工作是有条不紊的,使别人能够相信我们可以出色地完成手中办理的所有事情。遵守时间的人常常都极力避免失言或违约,他们值得信赖。

最好每天都坚持提前一刻钟上班,做一些清洁工作或准备工作。下班时,则要等上司或者同事发出可以走了的指示时,再收拾办公桌,结束工作,最后离开办公室。

持之以恒地做下去,不知不觉中,就会给同事老板留下一个极好的印象,那么你离升迁的机会也就不会太远了。

## 08　执行工作要善于抠细节,防漏洞

在执行工作的过程中,要掌握一些细节,让它们尽量发挥有价值的一面,这样可以为企业节省和创造出可观的效益。

美国质量管理专家菲利普·克劳斯比曾说:"一个由数以百万计的个人行动所构成的美国公司,经不起其中1%或2%的行动偏离正轨。"的确,许多企业就是因为小小的细节没有掌握住,而损失惨重,甚至退出经济舞台;也有不少公司因为一个小小的细节创造了奇迹,使之一跃成为商界关注的焦点。

所有的企业员工都应该注重在执行工作的过程中注意细节。要善于抠细节,防漏洞,只有做到这一点才能使企业在运作中减少人力和物力不必要的损耗,稳步发展。

贝聿铭是一位著名的华裔建筑设计师,他认为自己设计最失败的一件作品就是北京香山宾馆。他在这座宾馆开始动工后一直没去督导过,因而成了他一生中最大的败笔。

实际上,在香山宾馆的建筑设计中,贝聿铭对宾馆的里里外外,包括每条水流流向、大小、弯曲程度都有精确的规划,对每块石头的重量、体积

## 细节决定成败

的选择以及什么样的石头叠放在何处最合适等都作了周详地设计，对宾馆中不同类型鲜花的数量、摆放位置，随季节、天气变化需要调整不同颜色的鲜花等都有明确的说明，可谓匠心独具。

但是，工人们在建筑施工的时候对这些"细节"毫不在乎，根本没有意识到正是这些"细节"方能体现出建筑大师的独到之处，他们随意"创新"，改变水流的线路和大小，搬运石头时不分轻重，在不经意中"调整"了石头的重量甚至形状，石头的摆放位置也比较随意。看到自己的精心设计被无端地糟蹋成这样，难怪贝聿铭要痛心疾首了。

香山宾馆建筑的失败不能归咎于贝聿铭，而在于施工人员在执行过程中对细节的忽视，才使得本来可以称得上建筑史上佳作的香山宾馆，变成了毫无欣赏和考察价值的普通宾馆，也毁了一代大师的名声。

公司里每项工作的成败不仅仅取决于策划，更在于在执行过程中对于细节的把握。若是不能在落实过程中抓住这些细节、防止漏洞，再好的策划，也只能是纸上蓝图。唯有落实得好，才能真正把工作的价值完美地体现出来。

对于营销来说，一个营销方案能否取得预期效果，就按照创意和实现创意的过程而言，落实过程中的细节绝对是关键所在。

对于一个企业的发展来说，员工的每一项工作，一个产品的包装设计、一句广告语的创意、拜访一个客户……这些行为都和公司这个大家庭的兴盛有内在的关系。

某乳品企业营销副总谈起他们在某市的推广活动时说："我们的推广非常注重实效，不说别的，每天在全市穿行的100辆崭新的送奶车、醒目的品牌标志和统一的车型颜色，本身就是流动的广告，而且我要求，即使没有送奶任务也要在街上开着转。多好的宣传方式，别的厂家根本没重视这一点。"

然而,这个城市里原来很多喝这个牌子牛奶的人,后来却坚决不喝了,原因正是这些送奶车惹的祸。原来,这些送奶车用了一段时间后,由于忽略了维护清洗,车身沾满了污泥,甚至有些车子的车身已经明显破损,但照样每天在大街上招摇过市。人们每天受到这种不良视觉的刺激,喝这种奶哪里还能有味美的感觉!

创造这种推广方式的厂家没想到:成也送奶车,败也送奶车。对送奶车卫生这一细节问题的忽视,导致了这一创意极佳的推广方式的失败。

如果从一个营销活动的落实而言,细节的意义要远远大于创意,尤其是当一个方案在全国多个区域同时展开时,一旦落实不力,细节失控,最终很可能面目全非。而每一个细节上的疏忽,都可能对整体的成功形成"一票否决权"。正所谓"种瓜得瓜,种豆得豆",种下失败之因,就会结出失败之果。

2003年2月1日,美国"哥伦比亚"号航天飞机返回地面途中,着陆前意外发生爆炸,飞行器上的七名宇航员全部遇难,全世界为之震惊。美国宇航局负责航天飞行器计划的官员罗恩·迪特莫尔被迫辞职。此前,他在美国宇航局工作了26年,并已担任4年的航天飞行器计划主管。

事后的调查结果表明,造成这一灾难的凶手竟是一块脱落的隔热瓦。

"哥伦比亚"号表面覆盖着2万余块隔热瓦,能抵御3000℃的高温,以免航天飞行器返回大气层时外壳被高温所融化。1月16日"哥伦比亚"号升空80秒后,一块从燃料箱上脱落的碎片击中了飞行器左翼前部的隔热系统。宇航局的高速照相机记录了这一过程。

应该说,航天飞机的整体性能等很多技术标准都是一流的,仅因为一小块脱落的隔热瓦就毁灭了价值连城的航天飞行器,还有无法用价值衡量的七条宝贵的生命。

企业的经营成败,就是细节的成败。细节体现品位,细节彰显差异,

49

## 细节决定成败

细节决定结果。每个企业由于性质不同,工作中值得注意的细节也不同。但是只要能在执行的过程中,把这些细节很好地掌握住,让它们尽量发挥有价值的一面,便能为企业节省和创造出可观的效益。否则,就可能给企业带来严重的经济和声誉方面的损失。

## 09 遇到老板,主动迎上去说几句话

　　一个员工,只有主动跟老板面对面地接触,让自己真实地展现在老板面前,才能让老板充分认识到你的才能,你才会有被赏识的机会。

## 第二章 把工作中的小事做细

要想在职场中脱颖而出，活得精彩，仅有一技之长远远不够，还要寻找机会向老板表现和推销自己，并把自己的能力和才华介绍给自己的老板。

有些人到一家公司上班几年了，老板对这个人都没有什么深的印象，这就在于这些人对老板有生疏及恐惧感。他们很怕见到老板，恨不得只要一见到老板就绕路走，他们最怕的就是和老板聊天，这样消极地与老板相处，尤其在大公司里，老板又怎么可能留意到你呢？

要想得到老板的赏识，做老板的"圈内人"，就需要平日多与老板接触和沟通，懂得主动争取每一个机会，遇到老板，主动迎上去说几句话。事实证明，很多与老板匆匆一遇的场合，可能决定你的未来。

比如，在电梯间、走廊上、吃工作餐时，遇见你的老板，你要主动迎上去并微笑着打声招呼，或者说几句工作上的事。千万不要畏首畏尾，极力避免让老板看见，即使与老板擦肩而过也一言不发。如果你自信地主动与老板打招呼，主动与老板交谈，你大方、自信的形象，会在老板心中留下印象。

有一个员工，工作非常出色，老实正直，总是埋头苦干。但他有一个毛病，就是害怕见到老板，害怕与老板说话。他来公司工作很久，老板对他仍一无所知。

有一次，公司举行联欢会，老板的兴致很好，很快加入到了他们中间，他见到了老板，一举一动就不自然起来，没过多久就逃出老板的视线，独自坐在一个角落里喝饮料。

他好像天生就有畏惧老板的毛病。在走廊上、电梯里或在餐厅里，遇到老板，他都不会主动打招呼，反而迅速离去。即使自己的主管不在，老板找上门来，他也缩在一旁，一概装作不知，马虎应付了事。这样一来，他和老板的距离越来越远，甚至产生了隔膜，他给老板唯一的印象就是怕事

51

## 细节决定成败

和不主动。想想看，哪一个老板会把重要的任务交给这样一个人呢？

不主动与老板交往，可以说是一种对自己的前程和发展不负责的态度及行为，一个不在老板视线范围内的员工，根本就不会得到老板的信任与重用，又何谈机会呢？

每个公司都可以说是人才济济，在这样的环境中，信守"沉默是金"者是不会有什么辉煌前途的。

人与人之间的好感是通过实际接触和语言沟通建立起来的。一个员工，只有主动跟老板面对面地接触，让自己真实地展现在老板面前，才能让老板充分认识到自己的才能，才会有被赏识的机会。

职场中经常能够听到一些员工埋怨机会不等，命运不公，总是觉得自己碰不到表现自己的机会。每每看到别人的成功，总归结为运气好。实际上，从整体上说，机会对每个人都是公平的，创造和抓住机会也非常简单，只是别吝惜你那张嘴。

王云在合资公司做职员，觉得自己满腔抱负没有得到赏识，经常想，如果有一天能见到老板，要好好表现，但她只是在不断地想。王云的同事庞雨，也有同样的想法，但她却把这一想法付诸行动，去打听老板的上下班时间，算好他大约在何时进电梯，她也在这个时候去坐电梯，希望能遇到老板，有机会可以同老板打招呼，说上几句话，以展示一下自己的才能。

王云的同事晓凤则更进一步，她详细了解了老板的奋斗历程，弄清老板毕业的学校，人际风格，关心的问题，精心设计几句简洁却有分量的开场白，并算好时间去乘坐电梯，如此去跟老板打过几次招呼以后，终于有机会跟老板长谈了一次，不久，她就争取到了理想的职位。

可见，与老板交流是极为重要的，是一个人在职场获得更多资源，赢得更多帮助的制胜之策。

创造机会，与老板多接触，让老板对你的能力和作为有所了解，一有升职加薪的机会，他自然会率先想到你，到那时，你就走上了成功的坦途。

## 10　不要比你的老板穿得更好

　　塑造与公司气氛相协调的衣着风格，是树立良好形象，得到老板、同事好感和认同的基础，是走向成功的必要阶梯。

　　俗话说："人靠衣裳马靠鞍"，穿着打扮对树立一个人的良好形象起着十分重要的作用。平时穿着好一点，新潮一点倒没什么，如果你在公司里上班，那就完全不同了。很多上班族命运不济，就是因为他的穿着不得体。

　　穿着打扮可能显示着你的品位和爱好，看起来是一件小事，却对一个

## 细节决定成败

人的事业成功有很大的影响。

有一次,刘季与老板一起外出洽谈一项业务。他一改平日里的休闲着装,换上新买的皮尔卡丹西服,想通过"包装"给客户留下良好的第一印象。

双方见面后,客户看到刘季的气派样,眼前为之一亮,紧紧握住刘季的手,说:"经理真是年轻有为啊!"

刘季的穿着不同凡响,客户把他误当作了"主人",把一身旧衣服的老板当成了"随从",晾在了一边。直到谈判快结束时,对方才知道穿旧衣服的才是"主角"。结果,业务没能谈成,还被传为笑话。

后来,老板就对刘季"另眼相待"了,有业务外出时再也不要他陪同了。

身为一个下属,如果你的衣着、穿戴超过了你的老板,那么大部分的发展机会就与你无缘了。因为你穿得比他更体面,会让他很失面子,心里会产生一种被你比下去的感觉,会让他感到自惭形秽。

就算你各方面都很优秀,老板也不会对你有好感,试想,哪个老板喜欢一个比他强、穿着比他好、让他丢面子的人呢?

如果你担心自己的衣着不够得体,或者你不知道如何塑造自己的形象的话,可以参照老板的衣着风格标准来衡量自己的着装。

如果你与老板的着装风格相一致,就不会犯"鹤立鸡群"的错误了,也就不会受到老板、同事的排挤。

与老板的着装风格保持一致,可以更好地突出你的积极进取、努力向上的精神,很容易得到老板的器重和赏识,还会让老板产生一种"找到了知音"的感觉,他可能会认为你与他有着相同的价值取向,很容易对你产生好感。

塑造与公司气氛相协调的衣着风格,是树立良好形象,得到老板、同事的好感和认同的基础,是走向成功的必要阶梯。所以,在职场中你不能喧宾夺主,在穿着上要配合你的老板,甘当绿叶。

与老板的衣着风格一致也好,不一致也好,都要注意一点,不要比他穿得更好。何必让比老板衣着更好的衣着这一个小小的细节成为你平步青云的绊脚石呢?

## 11 在细小的事情上也必须讲信用

在职场的信用,就是你在人生银行的存款,存得越多,你的机会就会越多,而这些机会往往让你在事业上事半功倍。

有一天,小许要下楼买点东西,恰巧钱包里没零钱,便开口跟旁边的谢娜借了1元钱:"借我1元钱,明天还你。"其实,小许根本就没有把借1元钱这件小事放在心上,很快便忘记了。后来有一天,他想起要交手机费时,发现钱包里现金不多了,于是,又开口向谢娜借100元钱。让他万

## 细节决定成败

万没想到的是,谢娜冷冰冰地对他说:"我可以借你 100 元,但是,第一,你先把那 1 元钱还给我;第二,为这 100 元写个借条。"

小许一听这话,恨不得从办公室的 18 楼跳下去,他感到这是对自己人格的最大侮辱!他不明白谢娜为什么这么小气和冷酷!

在小许看来,这年头 1 元钱根本不算什么,如果是掉在地上的硬币,他可能都懒得弯腰去捡,因此,没有按时还谢娜那 1 元钱,不是他身上没零钱,而是他根本没把这事放在心上。但在谢娜看来,这不仅仅是 1 元钱的问题,而是关系到一个人的信用问题。

信用是一个人乃至一家企业的生存之本。一旦戴上了不讲信用的帽子,想要摘掉可就不是一件容易的事了。信用的意义不仅在于一笔交易的成败,更在于它标志着一个人的品质。所以,无论事情大小,都必须讲信用。

作为职场新人,在你刚进公司的那天开始,你的上司和同事就在有意和无意之间,收集你的信用记录,给你做信用评估,以此判断你的能力和为人。你的信用记录像优惠券一样被分为红黑两种。当这些信用优惠券积累到一定数量的时候,你的上司和同事就会自动要求兑现。

对于一些别有用心的人来说,他们专门喜欢收集别人的黑色信用优惠券。他们平时在心里默默记下了你做错的事情,但是他们从来不对你说什么。比如,你喜欢喝咖啡,但是从不往咖啡机里续水,他给你记下一笔;不久,你事先没打招呼就拿他的小型计算器使用,又被记下第二笔;你今天迟到了,他记下来了;某一天,你曾答应他一件小事,却因为某些原因你未办成,他又记下来了……他的记账本总是记得满满的,一旦他与你发生争吵,他就会把你的黑色记录和盘托出,让你狼狈不堪,或者汇报给上司,让你吃不了兜着走。

当然,你的红色信用记录也同样被上司和同事收集,一旦有晋职加薪的机会,他们同样会自动地为你兑现。上班时间不迟到、约会守时,即使只借人家 5 毛钱也按时归还,等等。无论什么情况,无论何时何地,无论事情或大或小,只要承诺,就一定会兑现。通过这样的积累,你的信用也就在无形之中建立起来了。

一般来说,你一开始给人家的是"最初的印象",但这些"最初的印象"会随着你的表现慢慢地积淀成同事对你的评价。所以,作为职场新人,在进入职场的那一刻起,你就应该清楚地认识到自己的信用问题,从一开始就要注意自己的言行,珍惜自己的信用。你要避免人家对你先入为主,产生成见,因为以后你要改变人们对你的成见是很困难的。

在中国有句老话,叫"一次不忠,百次不用",如果一个人不忠诚,你就会觉得他不可靠,一百次也不会用他。在工作生活中,如果一个人曾经欺骗过你,你还会轻易地再相信他第二次吗?答案是否定的。所以,即使是 1 元钱,既然你说了是借,而且说好是明天还,那么,你不仅要还,而且一定要在明天下班之前还。如果不注意这 1 元钱的信用,那么,你的信用可能在上司和同事那里就连 1 元钱都不值。

无信则不立,一个没有信用的人,是没有人会相信你的,更不会有人放心把事情交给你来做。在职场的信用,就是你在人生银行的存款,你存的越多,你的机会就会越多,而这些机会往往会在事业成功的道路上助你一臂之力。

## 12　要想办法让老板知道你做了什么

聪明的人,知道该何时在老板面前推销自己,光是坐在那里自怨自艾

## 细节决定成败

将于事无补。

你是不是每天都全力以赴地工作,并一直坚持着?不过,突然有一天,你发现纵使自己累得半死,别人好像并没有怎么在意,尤其是老板,似乎从来没有当面夸奖和表扬过你。

其实,这个问题可能不在老板,而是出在你自己身上。大多数的上班族都有一种想法:只要我工作卖力,就一定能够得到应有的奖赏。但问题是,如果只做不说就等于没做,不会有人注意你如此卖力,所以,一定要想办法让别人,特别是你的老板知道你做了什么,才有可能获得老板和公司的认可。

我们总以为,老板会自动注意到员工,不论评价好坏,老板心目中自有主见。不幸的是,你的这种想法太一厢情愿,因为大多数的时候,很多老板都患了"近视眼",虽然你拼了老命,老板却视而不见。

严格来说,这也不能全怪老板。你想想看,在一个组织里面,有几十个、几百个甚至上千个员工在一起共事,再说公司上上下下、里里外外,每天都有不同的状况发生,做老板的肯定会把注意力放在比较麻烦或者重大的事上,那些规规矩矩、脚踏实地做事的人,反而最容易被忽略。

所以,要解决这个问题还是要靠自己。一个聪明的职场人,知道该何时在老板面前推销自己。光是坐在那里自怨自艾将于事无补。

要想让老板重视自己,必须要想办法向老板推销自己,让老板知道你做了什么,能做什么。如果老板没有看出你的价值,就算你再卖力,再有能力,事实上对你在公司里的地位,也不会有什么大的帮助。只有适时地推销和表现自己,才会让老板知道你、发现你、重视你。

王涵在一家广告公司做文案,工作积极肯干,但一直没有得到老板应有的重视。有一次,他们公司与一家中日合资公司洽谈一项业务。当他们风尘仆仆地赶到会晤地点时才发现,对方的代表竟然是几位日本人。

## 第二章 把工作中的小事做细

正在老板一筹莫展的时候,王涵主动同他们用日语交流起来,看着对方在合同上写下最后一个字,老板心里悬了半天的石头这才落了下来。自然,王涵在老板眼中不再是以前那个默默无闻的员工了,而是公司那几百万元大单的救命恩人,是一个有办事能力的员工了,他的升职自然也在情理之中。

如果王涵不在老板面前表现自己,在关键时刻主动出击,他的才能就会被埋没,永远不会有"出头之日"。

有些人总是强调"是金子总会发光",强调一个人只要拥有出众的才华就决不会被埋没在沙砾之中。"酒香不怕巷子深"的时代早已成为过去,当今社会是一个"是金子,就要发光"的时代,有才华就要展示的时代。

比如,当你完成了一件很棘手的任务,就要第一个去向你的老板报告,让老板知道你有聪明才智以及解决问题的能力,不是只拿钱不办事。不要害怕别人批评你喜欢表功,而是要担心自己的努力居然没有被别人看见,才华被埋没。在优胜劣汰的职场竞争中,自己的才华能否被老板发现、被老板认知也是一个人前途发展的关键。

### 细节决定成败

作为一名下属,仅有才华、能力是不够的,还要努力创造展示自己的机会。只有这样,你的价值才能得到老板的肯定,才有出人头地的可能。

## 13　工作中,关注每一个细节

细节不是孤立存在的,就像浪花显示了大海的美丽,但必须依托于大海才能存在一样。

20世纪中期,世界上最著名的四位现代建筑大师之一密斯·凡德罗在被要求用一句最概括的话来描述他成功的原因时,他只说了五个字"魔鬼在细节"。

"魔鬼在细节",这是一个被人说烂了的主题,可以说是一点创意也没有。但是这么一个人人能知的常识,却是密斯·凡德罗成功的关键,实在发人深省。

公司中的你每天所做的事可能就是接听电话、整理文件、绘制图表之类的细节。如果你对此感到乏味、厌倦不已,始终提不起精神,或者因此敷衍应付差事,勉强应对工作,将一切都推在"英雄无用武之地"的借口上,那么你现在的位置便岌岌可危了。但是,如果你能很好地完成这些细节,没准儿将来你就可能是军队中的将领、饭店的总经理、公司的老总。

法国著名作家莫泊桑在《项链》一文中说过这样一句话:"极细小的一件事可以败坏你,也可以成全你。"

能与美国亿万富翁"钢铁大王"卡耐基攀亲附缘,并在他的提携下走向事业的巅峰,这是许多人梦寐以求的事情。可是,一个原本默默无闻的年轻人只用一把椅子就轻易做到了这一点,并且因此走向令人羡慕的成功之路。

那是一个阴云密布的午后,大雨倾盆而下,行人纷纷逃进街边的店铺避雨。一个浑身湿透的老太太步履蹒跚地走进费城百货商店,看着她狼狈的样子和简朴的衣裙,店里的售货员都对她爱理不理。这时,一位年轻人走过来诚恳地问她:"我能为您做点什么吗?"老太太笑着说:"不用了,我在这躲会儿雨,马上就走。"可是不买人家的东西,却要借人家的屋檐躲雨,老太太开始有些神色不安起来。这时,年轻人又走过来说:"夫人,您不必为难,我给您搬了一把椅子放在门口,您坐着休息就是了。"

两个小时后,雨过天晴,老太太向年轻人道了谢,要了他的一张名片就走了。几个月后,百货公司的总经理接到一封信,寄信人要求派这位年轻人到苏格兰收取一座城堡的装修订单,并让他负责自己家族所属几家大公司办公用品的采购任务。寄信人是谁呢?就是那位曾来避雨的老太太,而她正是美国亿万富翁"钢铁大王"卡耐基的母亲。

几年后。这位名叫菲利的年轻人以他一贯的踏实和诚恳,成为"钢铁大王"卡耐基的得力助手,从此踏上了辉煌的人生之路。

一把小小的椅子,一件不足挂齿的小事,一个似乎微不足道的细节,却帮助一个人走向成功的道路。

细节往往因其"小"而被人忽视,掉以轻心;因其"细",常常使人感到繁琐,不屑一顾。但往往就是这些小事和细节,成为事物发展的关键和突破口,成为关系成败的双刃剑。

每一个日本人,以及每一个在日本生活过一段日子的人,都会熟悉日本首屈一指的牛奶制品厂家——"雪印"。

## 细节决定成败

"雪印"创立已有 75 年,在日本全国拥有 34 家奶制品工厂,职工 6700 多名,年销售额在 54 亿美元左右,牛奶制品占日本市场的 11.2%,居同行业之首。

然而,自 2000 年 6 月 27 日开始,大阪、京都、奈良等日本关西地区的居民因喝下"雪印"奶制品而相继出现呕吐、腹泻、腹痛等食物中毒症状。仅仅一天,大阪市卫生部门就接到 200 多起投诉电话。紧接着,"雪印"的另一种鲜奶制品喝后也出现了中毒现象,而且中毒现象多达 14000 余起。中毒事件立刻引起了日本全社会的震惊。

中毒原因很快查清,"雪印"大阪工厂生产的鲜奶中含有金黄葡萄球菌毒。这些细菌是孳生在生产牛奶的输送管道阀门内壁以及阀门附近管道的内壁。工厂承认:"三个星期没有清洗。"而公司的卫生制度是:生产线必须每天进行水洗,每周必须进行一次手洗杀菌处理。显然,灾难是人为造成的。这还不算,"雪印"大阪的工厂甚至将退货过期的牛奶作为原料重新利用。几乎是一夜之间,"雪印"这个日本奶制品王牌就名誉扫地了。

故事中"雪印"这个用 75 年时间建立起来的知名品牌,因为工厂没有按照卫生制度定时清理输送管道内壁而毁于一旦。或许一开始工厂的领导者和员工都认为不清洗输送管不是什么大事,产量才是最重要的。但恰恰是他们眼中不起眼的细枝末节,75 年辛苦建立的荣誉,在一夕之间瓦解,可见细节的力量。

这是一个细节制胜的时代,细节的作用怎么强调都不为过。

林志是某公司的一名很有发展潜力的业务员。一天,因公司与外商产生纠纷,总部责令他和业务经理在第一时间前去向客户道歉。因为事发突然,时间紧迫,他随手抓了一件 T 恤穿上就出发了。

结果,林志的休闲 T 恤和客户、业务经理的西装革履形成了强烈的反

差。因为自己的不当着装,林志自始至终都处于很不自在的尴尬境地。而更糟糕的是,当他们向客户说尽好话之后,那位客户竟撇下一句令林志终生难忘的话,"衣服也是一种态度,因为你的 T 恤,我无法接受你们的道歉。"

结果可想而知,林志当天就被老板炒了鱿鱼。

一件衣服,使一个很有才干的人失去了一个很好的职业和发展机会。一个人要想真正扮演好自己在工作中充当的那个"角色",确实不可小觑任何一个细节。

由此可见,工作不但要有认真的态度,还要重视细节。只有注意到细节,才能预先发现问题,那些影响质量、安全、效益等细节问题才会被发现和解决。工作中,不能忽视任何一个细节。

# 第三章
## 细微之处有乾坤

　　细节成就完美。无论你从事什么样的工作,扮演何种角色,都应该从点滴入手,从细微入手,认认真真地对待每一个细微之处,把每一个细节做到位。只有这样,你才能把自己的工作做得尽善尽美。

细节决定成败

## 01　竞争中要学会欣赏对手

　　有了竞争对手,不是整天要盘算着如何打击对方,而是从欣赏的角度,处处学习对手,并以对手的标准来要求自己。

　　这个世界是一个处于竞争中的世界,生活中几乎每个人都有对手。这些对手可能是你的同事、你的朋友、你的敌人,采用什么样的态度去对待你的竞争对手,看起来好像是一件小事,但却决定着一个人的成败。

　　过去人们常说"仆人眼中无伟人",同样,在对手眼里也无完人。有些职场中人对待别人要么大爱,要么大恨。如果自己心里喜欢,就觉得对方十全十美,无懈可击;如果自己心里讨厌,就会觉得对方缺点多如牛毛,一无是处。

　　小吴和小王是一对十分要好的朋友,在一家公司里的同一部门工作。因为部门主管升迁,公司准备在部门里选拔一个新的主管。消息传开后,大家都跃跃欲试,希望自己能够入选。后来传来内部消息,小吴和小王是两个主要的候选人,他们俩的能力都很突出,尤其是小吴,办事能力强,为人也不错。

　　小王得知小吴就是自己的竞争对手,就暗下决心,想着一定要把小吴打败。但他也明白,如果堂堂正正地竞争,自己不一定是小吴的对手。于是,他四处活动,在上司面前极尽献媚之能事,除夸大自己的能力外,还处处给老板一个暗示——小吴有许多缺点,他不适合这份工作。在小王的阴谋活动下,终于把小吴挤了出去。但是当他坐到那个梦寐以求的位子上时,他才发现,他根本就不是胜利者,多数人对他嗤之以鼻,他的工作无

## 第三章 细微之处有乾坤

法顺利开展,而且每次面对小吴,他都心怀愧疚。仅仅过了半年,由于工作没有成效,他就被免职了。

竞争之于自然界和人类社会,就像运动与物质一样不可分割。人的一生离不开竞争,有人说,与其说是在社会中生活,不如说是在竞争的风浪中搏击。同样,在人才济济的职场中,竞争也是不可避免的。适当的竞争能够促进一个人快速成长,也能促进一个人各方面不断成熟起来,这一切的关键是你对竞争对手持什么样的态度。

一个没有对手的动物,一定是死气沉沉的动物;人也同样,一个没有对手的人必定会成为一个不思进取的人。生活中出现对手不是坏事,相反在与对手的竞争中会让你充满活力。

有了竞争对手,不是整天要盘算着如何打击对方,而是从欣赏的角度,处处学习对手,并以对手的标准来要求自己。的确,欣赏对方比打击对方更有效。

有一个人去一家著名的广告公司求职,顺利地通过了第一轮测试,成

细节决定成败

了十位入围者之一。第二轮测试内容很简单：让每位入围者按要求设计一件作品,并当众展示给另外9人,另外9人打分,写出相关的评语。

这个人在评分时,对其中3人的作品非常佩服,怀着复杂的心情给他们打了高分,并写下了赞美的评语。令他意外的是,他入选了!而更令他意外的是,他欣赏的那三位中只有一个人入选!他不明其中的原因。

后来,该广告公司总裁的一番话使他醒悟。总裁说:"入围的10人可以说都是佼佼者,专业水平都较高,这固然是重要的方面,但公司更为关注的是,入围者在相互评价中,是否能够彼此欣赏。因为庸才自以为是,看不见别人的长处,这倒情有可原,但若对对方视而不见,那就显得心胸太狭隘了,严格意义上说那不叫人才。落聘的几位虽然专业水平不错,但遗憾的是他们缺乏彼此欣赏的眼光,而这点比专业水平其实更重要。"

是谁让我们走向成功?是竞争对手。我们的成功离不开竞争对手的陪伴和激励。所以,面临时下日趋激烈的竞争,与对手竞争时,要抱着欣赏对手、向对手学习的心态,以对手的长处来弥补自己的短处,学习对手的长处,这样就可以提高自己,最后战胜你的竞争对手。

## 02 会议细节,职场关键

千万不要小看会议中的一些细节,或许正是因为你在会议上表现的种种细节,成为你在职场中能否顺利发展的关键。

小群在学校时就是个十足的"逍遥派",什么会议都不愿参加,能躲的就躲,实在躲不了的就坐在会议室的最后一排打瞌睡。进了公司后,他发现与学校相比,不仅会议的频率高了,而且他也没办法躲了,因为他刚进公司,会议室的布置工作基本上由他一个人去做。如果单单是布置一下会场,或者做做会议记录,小群虽然有点不情愿,但也毕竟不是什么难事,应付应付就过去了。他最讨厌的是听公司领导讲话的那种"老三篇",而且上司有时还让他做笔记。"不就是那么点事吗,根本就没有做笔记的必要,我早就记在脑子里了。"所以,一到开会的时候,他要么心不在焉想自己的事,要么打瞌睡。

的确,几乎所有的企业开会,领导似乎永远都在背诵"老三篇":领导一上来肯定先是前一段工作总结;絮絮叨叨完了之后,介绍一下目前的工作状况;最后当然是下一阶段的工作安排。对于这种"老三篇",很多职场中人觉得与自己并没有多少直接的关系,所以,一到开会他们就打瞌睡,思想走私,或者找些借口溜之大吉。

但是,千万不要小看这个会,或许正是因为你在会议上表现的种种细节,便成为你在职场中能否顺利发展的关键。如果你是一个职场新人,在进入公司后,要养成了解企业大局的习惯。尽管领导讲的都是"老三篇",但如果细听,还是有区别的,像利润、营业收入这些业绩指标还是有变化的,从这些变化中你能够分析出公司的经营状况和发展前景,而这些又与你个人的前途,至少和你的工资奖金是有直接联系的。如果公司要裁员甚至倒闭的话,在这种会上完全可以找到它的各种迹象……因此,可以说"会议"是企业内部各种信息的交汇点。只要你留心,每次开会你都会有新的收获。"会议里边有乾坤"这话一点也不错。

一个公司的职员,除开公司和部门内部的会,也有机会参加其他一些会议,因此,在参加会议之前,要做充分准备。在开会前,如果你临时有事不能出席,必须通知对方。参加会议前要明确会议的主题,要多听取上司或同事的意见和建议,作好参加会议所需资料的准备。开会的时候,如果需要你发言,那你应简明扼要的阐述自己的观点。在你听其他人发言时,如果有疑问,一定要用适当的方式提出来。在别人发言时,不要随便插话,破坏会议的气氛,开会时不要说悄悄话和打瞌睡,没有特别的情况不

**细节决定成败**

要中途退席,即使要退席,也要征得主持会议的人同意。要利用参加会议的机会,与各方面疏通,建立良好的人际关系。

另外,你可能经常要被派去参加会议的筹备,所以,也要了解一些筹备会议的要点:准备好参会人员名录,是否参会最后给予确认;进入会场时给客人领座位,如果没有确定座位,就让参会者从最里面坐起;整理分发会议资料,准备好黑板、粉笔、茶水等会议上需要用到的物品;看参会者是否有私人物品(如大衣、帽子等)需要保管;如果会议途中外面有人找,用纸条或耳语通知当事人;会议途中,不能没人值班,如果自己有事走开,要请人替代。

以上这些列举都是会议中我们需要注意的一些细节,尽管是细节问题,可做得好与不好,则关系到你的形象问题,进而关系到你的前途。所以说,会议细节是职场关键,我们不可忽视。

## 03 每一件小事都值得我们去做

不要小看自己所做的每一件事,即便是最普通的事,也应该全力以赴、尽职尽责地去完成。

有这样一则寓言故事:

小鹰对老鹰说:"妈妈,总有一天,我要做一件举世交口称赞的事。""什么事?""飞遍全球,发现前人未发现的东西。""这太好了!不过你必须学习和掌握各种飞行技术,以免疲劳时无法继续飞行。"

小鹰苦练飞行技术,专心致志,其余的事一概不闻不问。

几天过后,老鹰对小鹰说:"咱们一起觅食吧!"小鹰不耐烦地说:"妈妈,您去吧,我没有工夫干这种没有价值的事!"母亲吃惊地说:"这是什

## 第三章 细微之处有乾坤

么话?""是您让我集中精力进行训练,为什么又用这些毫无意义的小事分散我的心呢?"老鹰循循善诱地说:"孩子,你认为这是一件小事,但对于长途飞行来说却是一件大事。你不会寻找食物,飞起的第一天就要挨饿,第二天就无力升空,第三天就会饿死。"

小小的寓言故事揭示了一个深刻的道理:世上无小事,许多所谓的小事其实是在为你打基础,没有打下稳固的地基,又怎能盖起坚实的大厦呢?

生活中有许多类似小鹰的人。作为芸芸众生的普通一员,多数人在绝大多数的日子里,都在做一些琐碎的、鸡毛蒜皮的小事。但就是这些微不足道的小事,很多人也做不好,做不到位。他们盲目地相信自己就是被上天委以重任的将才,认为小事会自降身份,但他们不知道,要想成大事,首先就要把自己的每一件小事做好。

人生的目标贯注于他的一生,你对待人生的态度决定着你的人生质

## 细节决定成败

量。日出日落、朝朝暮暮,它们或者使你的思想更开阔,或者使你更狭隘;或者使你变得更加高尚,或者使称变得更加低俗,或者使你变得积极乐观,对生活充满热情。或者使你变得消极悲观,愈发觉得生活乏味、枯燥。

如果只从他人的眼光来看待我们的工作,或者仅用世俗的标准来衡量我们的工作,就可能会觉得它毫无生气、单调乏味,仿佛没有任何意义,没有任何吸引力和价值可言。这就好比我们从外面观察一个大教堂的窗户,可能会看到其外面布满了灰尘,非常灰暗,光华已逝,只剩下单调和破败的感觉,但是,一旦我们跨过门槛,走进教堂,立刻可以看见绚烂的色彩、清晰的线条。阳光穿过窗户在奔腾跳跃,形成了一幅幅美丽的图画。

所以说,人们看待问题的方法是有局限性的,我们必须从内部去观察才能看到事物真正的本质。有些工作表面上看也许索然无味,只有深入其中,才可能认识到其意义所在。因此,无论工作是大还是小,每个人都必须从工作本身去理解,将它看做是人生的权利和荣耀——只有这样,我们才能把每一件事都做好。

希尔顿饭店的创始人、世界旅馆业之王康·尼·希尔顿就是一个注重"小事"的人。康·尼·希尔顿要求他的员工:"大家牢记,万万不可把我们心里的愁云摆在脸上!无论饭店本身遭到何等的困难,希尔顿服务员脸上的微笑永远是顾客的阳光。"正是这永远的微笑,让希尔顿饭店的身影遍布世界各地。

曾有一位作家这样描述他在希尔顿饭店的愉快经历:

我早上起床,一打开门,走廊尽头站着的漂亮的服务员就走过来,向我问好,甚至叫出了我的名字。我十分奇怪,马上问她,你怎么知道我的名字?

"先生,昨天晚上你们睡觉的时候,我们要记住每个房间客人的名字。"

后来我从四楼坐电梯下去,到了一楼,电梯门一开,有一个服务员站在那里,他也向我问好,并叫出了我的名字。

"先生,上面有电话下来,说您下来了。"

然后我去吃早餐,吃早餐的时候送来了一个点心。我就问,这中间红的是什么?

服务员看了一眼,后退一步给我解释说,那是什么食材,旁边那个黑黑的又是什么。

她为什么后退一步?因为为了避免她的唾沫碰到我的菜。

一早,这样的服务无疑给了我一天的好心情。

在当今社会的重压之下,许多公司的员工都没有一种好的心态来工作,他们总是会有些埋怨和不满。他们拥有渊博的知识,受过专业的训练,他们朝九晚五穿行在写字楼里,有一份令人羡慕的工作,拿一份不菲的薪水,但是他们并不快乐。他们没有一种很好的心态来把自己摆正,他们视工作如紧箍咒,仅仅是为了生存而不得不出来工作。

今天的我们应该从容地面对自己的工作,把自己的每一件事情都做好。如果没有做好"小事"的态度和能力,要做好"大事"只会成为"无本之木,无源之水",根本成不了气候。可以这样说,平时的每一件"小事"其实就是一栋楼房的地基,如果没有这些材料,想象中美丽的楼房只会是"空中楼阁",根本无法变成"实物"。在职场中每一件小事的积累,就是今后事业稳步上升的基础。

聪明的人从来不会忌讳说自己是在做一些小事,恰恰相反,他们乐意做一些小事。因为他们知道,成功就是从小事开始的,志当存高远。一个人要成就一番大的事业,必须要有鸿鹄之志。这样,可以飞得更高、更远,但是一定要知道,在飞天之前必须要练好飞行,我们只有在平时注意积累,才可以在以后的日子里飞得稳健。

有人说:当重视小事成为一种习惯,当责任感成为一个人的生活态度，我们就会与胜任、优秀、成功同行。每一件事都值得我们去做，而且应该用心地去做。不要小看自己所做的每一件事，即便是最普通的小事，也应该全力以赴、尽职尽责地去完成。小任务顺利完成，有利于你对大任务的成功把握。一步一个脚印地向上攀登，便不会轻易跌落。通过工作获得真正的力量——会给你卓尔不凡的力量。

## 04　过去的事不要全让人知道

每一个人都有自己的隐私，一般总是那些令人不快、痛苦、悔恨的往事，这些都是自己过去的事情，不可轻易示人。

聪明并不是一个人在职场上安身立命的必要条件。当然，这并不是说一个人越笨越好，而是说如果你不具备超越大部分人的聪明。只要你在任何时候，任何位置加倍小心，照样可以在职场中顺风顺水，如果你不注意，有时可能仅仅因为一句话，都会引发一系列难以预料的后果。

在职场上，"说话"绝对是一种艺术，说什么，怎么说，什么话能说，什么话不能说，都是有"讲究"的。与人相处，不要把自己过去的事全让人知道，特别是那些不愿让他人知道的个人秘密，要做到有所保留。如果把自己内心的秘密全部向他人倾诉，往往会因此而吃大亏。因为世界上的事情没有固定不变的，人与人之间的关系也不例外。今日可能是朋友，明日就可能变成对手、敌人，生活中这样的事并不少见。你把自己过去的秘密完全告诉别人，一旦感情破裂，反目成仇，或者他根本没有真正的把你当做朋友，你的秘密他还会替你保守吗？

也许，他不仅不为你保密，还会将所知的秘密作为把柄，对你进行攻击、要挟，弄得你声名狼藉、焦头烂额，到那时，可能你后悔也来不及了。

## 第三章 细微之处有乾坤

卢新是一个公司的职员,他与同事周宇是非常要好的朋友,几乎无话不谈。一次,借着酒兴,卢新向周宇说出他不为人知的秘密。卢新年轻时,与别人打群架,砍伤了别人,结果被判了两年刑。从监狱出来后,改过自新,重新做人,考上了大学,进了现在的这家公司工作。

时值年底,公司效益不佳,并准备裁员。卢新和周宇从事同一工作,这个位置精简后只能留下一人,但论实力,卢新比周宇要略胜一筹。

裁员的消息公布不久,公司的同事之间就相互传言卢新是坐过牢的"劳改犯",大家对他的好印象大大降低了。谁愿意跟一个劳改犯一起共事呢?结果卢新被裁掉,周宇留了下来。

每个人都有自己的过去,内心都有一些不为人知的秘密。朋友之间,即使感情再好,也不要随便把你过去的事情、你的秘密告诉对方。

如果你是职场中人,你将自己的秘密告诉同事,在关键时刻,过去的秘密可能就会成为对方手上的把柄,把你的秘密作为武器回击你,使你在竞争中处于不利的位置上。

自己的秘密不要轻易示人,守住自己的秘密是对自己的一种尊重,是对自己负责的一种行为。

罗曼·罗兰说:"每个人的心底,都有一座埋藏记忆的小岛,永不向人

## 细节决定成败

打开。"马克·吐温也说过:"每个人都像一轮明月,他有呈现光明的一面,但另有黑暗的一面从来不会给别人看到。"

这座埋藏记忆的小岛和月亮上黑暗的一面,就是隐私世界。每一个人都有自己的隐私,一般总是那些令人不快、痛苦、悔恨的往事。比如恋爱的破裂,夫妻的纠纷,事业的失败,生活的挫折,成长中的过去……这些都是自己过去的秘密,不可轻易示人。

遇到情投意合的朋友,每个人的心里都会特别高兴。随着时间的推移,你们的感情日益深厚。有一天因心情好,你把积藏在心底多年的秘密告诉了他,这充分显示了你的真诚。你相信他不会做出伤害你的事,也许还能帮助自己解决其中的部分疑难。可是不久,你们因为观点的分歧,因为职位的竞争等情形,而发生了争吵。结果可想而知。

要知道,秘密只能独享,不能作为礼物送人,再好的朋友,一旦你们的感情破裂,你的秘密将人尽皆知,受到伤害的人不仅是你,还有秘密中牵连到的所有人。

尽管对好朋友应该开诚布公,但这不表明不能有自己的秘密。"不相信任何人和相信任何人都同样是错误的。"不相信任何人,无疑自我封闭,永远得不到友谊和信任;而相信任何人则属幼稚无知,最终吃亏的是自己。所以说,两者皆不可取,你应该永远记住:秘密只伴随自己,千万不要廉价地送给别人。为此,与人交往时,你要避免自己的感情冲动和谈话时间过长,要做好必要的防范。

当然,不要把过去的事全让人知道,并不等于什么都不说。有时有保留地跟朋友说说自己的过去可能还会增加你们的感情,例如说说你小时候读书上学之类的事情,可以让朋友对你有进一步的了解,清楚你的为人。你对别人说自己无关紧要的过去,别人也会向你说。你什么也不说,什么也不让人知道,会让别人觉得你时刻在提防他,又怎么会信任你。因为信任是建立在相互了解基础上的。

## 05　做事前，先想象一个好的结果

无论做什么事情，我们都应该在实现目标之前想象我们已经做到了这一点，这样，我们就更容易成功。

我们做任何事之前，都要预先想象一个好的结果，想到这件事自己一定能够做成功，内心就会产生一种强大的力量促使你努力，并因此产生积极的心态，成功的可能性也因此大大增加。

然而，生活中也有很多人，在还没有做事前，就想到事情会失败，这种心态消极、负面思考的人，最终也往往以失败而告终。

一个人能否成功，关键是在于他的心态是否积极。成功者在做事前，就相信自己能够取得成功，结果真的成功了，这是人的意识和潜意识在起作用。

多年前，一个世界探险队准备攀登马特峰的北峰，在此之前从没有人到达过那里。记者对这些来自世界各地的探险者进行了采访。

记者问其中一名探险者："你打算登上马特峰的北峰吗？"他回答说："我将尽力而为。"

记者问另一名探险者，得到的回答是："我会全力以赴。"

记者问第三个探险者，这个探险者直视着记者说："我没来这里之前，我就想象到自己能攀上马特峰的北峰，所以，我一定能够登上马特峰的北峰。"

而最终的结果是，只有第三个探险者真正登上了马特峰的北峰。他想象自己能到达北峰，结果他的确做到了。

前世界拳击冠军乔·弗列勒每战必胜的秘诀是：参加比赛的前一天，

## 细节决定成败

总要在天花板上贴上自己的座右铭——"我能胜!"

如果你对成功有信心,那么就很有可能达到预期的目标。每当你相信"我能做到"时,自然就会想出"如何去做"的方法,并为之努力。

无论我们是想寻找一份更好的工作,或是想创造更多的物质财富,或是想拥有永久、幸福的婚姻,无论任何事情,我们都应该在实现目标之前想象我们已经做到了这一点,这样,我们就更容易成功。

人最怕的就是胡思乱想自我设置障碍。做事前,不是去想象好的结果,而总是消极地想:可能不行吧,万一失败怎么办?结果还没有去做,你就没有信心了,事情十有八九会朝着不利的方向发展。

一天晚上,在漆黑的偏僻公路上,一个年轻人的汽车轮胎爆了。

年轻人下来翻遍工具箱,也没有找到千斤顶,而没有千斤顶,是换不成轮胎的。怎么办?这条路比较偏僻,平时就很少有车辆经过,他远远望见一座亮灯的房子,决定去那个人家借千斤顶。

在路上,年轻人不停地想:

要是没有人来开门怎么办?

要是没有千斤顶怎么办?

要是那家伙有千斤顶,却不肯借给我,那该怎么办?

……

这个年轻人越想越生气,当走到那间房子前敲开门,主人一出来,他就冲着人家说了一句:

"他妈的,你那千斤顶有什么稀罕的!"

弄得主人丈二和尚摸不着头脑,认为是一个精神病人,"砰"的一声就把门关上了。

做事前,就认为自己会失败,自然难以成功了。

世界著名的走钢索的选手卡尔·华伦达曾说:"在钢索上才是我真正的人生,其他都只是等待。"他总是以这种非常有信心的态度走钢索,每一

次都非常成功。

  但是1978年,他在波多黎各表演时,从25米高的钢索上掉下来摔死了,令人不可思议。后来他的太太说出了原因。在表演前的3个月,华伦达开始怀疑自己"这次可能掉下来"。他时常问太太:"万一掉下去怎么办?"他花了很多精力以避免掉下来,而不是在走钢索,结果失败了。

  做任何事,都不要预先在心里制造失败,要想到成功,要想办法把"一定会失败"的意念排除掉。

  总之,一个人想着成功,就可能成功;想着失败,就必定会失败。成功产生在那些有了成功意识的人身上,失败根源于那些不自觉地让自己产生失败的人身上。

细节决定成败

## 06 不是你的功劳千万不要占有它

不是你的功劳,你不要去抢,不管别人知道也好,不知道也好,抢别人的功劳总不是成功的捷径,而这样做也无疑是自毁前程。

对于初涉职场的人而言,必须勤奋地工作,你只有百分之百地完成本职工作,并努力让工作完成得更加完美,才有可能给自己创造更多的机会。但是,在竞争激烈的工作环境中,有些人喜欢把别人的功劳占为己有。这样的人,到最后只能是既损人又不利己。

李明明和丁娟两个人在一家公司工作,平时关系相处得很不错。

年终,公司搞推广策划评比,每个人都可以出一个方案,优胜者将有奖励。李明明觉得这是一个好机会。经过半个月的深入调研,加上平时对市场工作的观察思考,李明明很快做出了一个非常出色的策划案。

方案征集截止日的最后一天,丁娟突然叹了一口气说:"哎,明明,我还真有点紧张,心里没底啊。你帮我看看方案,提提意见。"李明明连想都没想就答应了。丁娟的策划很是一般,没有什么创意,李明明看完没好意思说什么。

丁娟用探究的目光盯着李明明,说:"让我也看看你的吧。"李明明心里一阵懊悔,可自己刚才看了人家的,现在没有理由拒绝人家。好在明天就要开大会了,她想改也来不及了。

第二天开会,丁娟因为资历老,按次序先发言,丁娟讲述的方案跟李明明的方案一模一样,在讲解时,她对老板说:"很遗憾,我现在只能讲述自己的口头方案,电脑染了病毒,文件被毁了,我会尽快整理出书面材料。"

## 第三章 细微之处有乾坤

李明明听了目瞪口呆,她没想到丁娟抢了自己的功劳,她不敢把自己的方案交上去,也不敢申诉,因为她资历浅,怕老板不相信自己,只好伤心地离开了这家公司。

> 这项研究的成功是我助手的功劳,荣誉应该属于他。

丁娟的方案获得了老板的认可,但因为方案不是她自己的,有些细节不清楚,在执行方案时出现了漏洞,又无法及时修正,结果失败。后来老板得知她是抢的别人的方案,就把她辞退了。

不是你的功劳千万不要去占有它。不管别人知道也好,不知道也好,抢别人的功劳总不是成功的捷径。你抢别人的功劳,一旦被别人发现,你一定会无地自容,也因此可能失去在职场中发展的机会。不仅被抢者会成为你的敌人,而且还会失去他人对你的尊重。

做人要坦坦荡荡,不是自己的功劳,不要挖空心思想去占有,不抢功,不夺功,这样的人不仅人际关系好,而且会永立于不败之地。

一个研究所的副所长,负责一个课题的研究,由于行政事务繁多,他没有把全部精力放在课题的研究上。他的助手通过辛勤努力终于取得了成功,这个课题得到了有关方面的认可,赢得了很大的荣誉。报纸、电视台的记者都争相采访那位副所长,都被他拒绝了。他对记者们说:"这项研究的成功是我助手的功劳,荣誉应该属于他。"

记者们听了,为他的诚实和美德所感动,在报道助手的同时,还特别把副所长坦荡的胸怀和言语都写了出来,使这个副所长也获得了很好的评价和荣誉。

高明的上司从不占有下属的功劳,下属有功,你的功劳自然也因此体现出来了。

从不占有别人功劳这一细节上,可以看出一个人的品质。优秀的品质是一个人成功的前提。

## 07  才华横溢不如才智平平

才华横溢的人往往对现实与理想之间的差距特别敏感,比才智平平者更容易产生抱怨情绪,所以,往往当才华横溢者还在牢骚满腹、怀才不遇的时候,才智平平者已通过自己的勤奋与努力,抓住机会,一鸣惊人了。

公司准备选拔一个广告设计参加市里举办的大奖赛。最初,公司大部分同事都比较满意小钱的设计稿,对小宗的设计虽然也看好,但创意却不如小钱的新颖。对于一个刚刚参加工作半年的人来说,这的确是一个发展的好机会,小钱此刻开始等待着鲜花、奖杯和掌声的到来。但是,当两幅作品送到老板那里最后审定时,老板最终选择了小宗的作品,而把小钱的作品束之高阁。老板的理由是小钱的作品是"飞机稿",即设计者没有根据客户的具体需求而创作,而是根据本人的兴趣和爱好而创作的作品。所以,尽管小钱的作品艺术性很高,创意不错,但不能给老板带来经济效益,所以只能被打入冷宫。

很长一段时间,小钱想不通,论才气,论创意,小宗都比不上自己,为什么老板不识货,让自己败在小钱的手下?

职场中很多才华横溢之人往往不是事业的成功者,而不少能力上的平庸之辈却在事业上如鱼得水,这样的现象并不少见。

许多貌不出众能力一般的人,因为知道自己没有多少优势,所以,他们在加倍努力工作的同时,更加珍惜自己每一个来之不易的机会。他们目标明确,用心专一,会把自己的时间和精力集中于关键的地方,因此业绩突出,也容易被老板赏识。

而有一些看上去才华横溢的人,在职场上却不得志,甚至非常落魄。在现代职场上,你要想取得事业的成功,首先必须融入一个团队。而你要真正融入这个团队,那你的才华就必须首先融入这个团队,从而在团队中形成"1+1>2"的效应。但因为才华横溢之人经常会表现出恃才傲物,好高骛远,根本无法真正融入团队,因而对同事缺乏亲和力。由于你与团队的关系永远像油与水那样难以融为一体,所以,你很难得到团队里其他人的帮助,一个人的力量毕竟有限,因而纵然才华横溢,也发挥不出来。

所以说,有才之人在职场上混,很难取得一般意义上所说的成功。也正因如此,日本松下公司的用人理念是只用具有70%能力的人,而不用业界最优秀的人。因为有70%能力的人做事更认真,而且友善、谦虚,对上司和同事更具亲和力。

一个人在职业上的成功与他的才华横溢没有任何的正比关系。才华横溢只是职业成功的千万个必要条件中的一个,甚至还不是主要的。在合适的职位上,你的智慧才能发挥出应有的价值,才有可能获得足够让社会认可你成功的财富。但是,才华横溢的人经常会有意无意地表现出比别人更优秀,缺少与周围环境的良好亲和力,因此想要成功并不容易;而才智平平的人却懂得如何处世,如何抓住机遇,所以他们才会平步青云。

崇尚以人为本的时代造就了很多才华横溢的英雄,他们以自身卓越不凡的能力担当其各自领域的先锋,尽显才华;然而又有多少才华横溢之人无用武之地,甚至为生活所困。究其原因,无不是一个"能力"所致。才华横溢的人未必能力横溢;而能力横溢的人也不见得才华横溢。才华横溢的人往往对现实与理想之间的差距特别敏感,比才智平平者更容易产生抱怨情绪,所以,往往当才华横溢者还在牢骚满腹、怀才不遇的时候,才智平平者已通过自己的勤奋与努力,抓住机会,一鸣惊人了。

## 08　遇事多考虑3分钟

最终决定事情的成败得失,往往取决于对实际情况的掌握程度,千万不要在事实还不允许做决定之前,便急躁不安,草率行事。

大发明家爱迪生在谈到自己做事的原则时说:"有许多我自以为对的事,一经实地试验之后,就往往会发现错误百出。因此,我对于任何大小事情,都不敢过早下十分肯定的决定,而是要经过仔细权衡后才去做。"

再看一下实际生活中的我们,有些人在遇到事情时不加考虑便急于去做,做过之后却又后悔,也因此给人留下一种鲁莽毛糙的感觉。如果他能在遇事时多考虑一会儿,仔细权衡一下,虽然并不能保证他一定会成功,但他的成功率会很高,也会给人留下成熟稳重的印象。

我们无法预知未来,所以很多事成功与否常常取决于你是谨慎小心还是鲁莽草率。有些人之所以失败,就败在缺乏思考,没有养成"遇事多考虑3分钟"的习惯。他们对事情的考虑总是不够成熟,只求做得快,成事快,结果却败事也快。而那些头脑清醒的人在经过周密考虑之后,才会采取行动。这种把事考虑得周到、考虑得透彻的人,自然做事就会又准又快,当然成功率就高了。

## 第三章 细微之处有乾坤

一个报社的记者受上司之命去采访一个事件。本来这次采访工作有相当大的困难,当上司问他有没有问题时,这位记者不假思索地拍着胸脯回答:"没问题,包你满意!"

> 进度如何?

> 不是想象的那么简单。

过了 3 天,没有任何动静。上司追问他进展如何,他才老实地说:"不如想象得那么简单!"当时上司虽然没说什么,但心里却已认定他太过主观,并且开始对他有些反感。由于他工作的延误,导致整个部门的工作都无法正常完成。后来,上司再也没有把重要的任务交给他。

这就是做事欠思考的结果,如果他当初仔细分析一下事情的难易程度,提出比较好的采访方案,即使晚几天,上司也会理解,可他没有那么做,轻率地答应下来,才落得工作没做好而又被冷落的下场。

遇事前,先仔细考虑 3 分钟,然后再决定到底应该如何做,可能就会有和原先的行为有完全不一样的结果。

事情的成败往往取决于对实际情况的掌握程度。所以千万不要在事实还不允许做决定之前,便急躁不安,草率行事。

在许多时候,遇事多考虑 3 分钟,就很有可能避免出现一些意想不到

85

的差错，使自己少犯错误。

在生活中，我们常常看到这样的情况，在接受某个任务、某个工作安排，或者答应帮别人做事时，明智的人总是回答对方说："让我先考虑一下吧。"

美国有个家庭主妇，她的朋友介绍她到某个银行去存钱，这个主妇想了想，对她的朋友说："这家银行的信用如何我不大清楚，让我考虑一下好吗？"

这个主妇在考虑的这段时间里，注意搜集有关这个银行的资讯，并在一个聚会上见到了这个银行的董事长。

主妇发现这个董事长精神不振，不是一副事业得意的样子，主妇从这个小细节里猜测到这家银行的生意肯定很不景气，于是没有听信朋友的介绍，而是把钱存进了另外一家银行。事后不久，朋友介绍的那家银行就倒闭了。

如果这位主妇遇事不思考，轻率地把钱存进那家快要破产的银行，其结局可想而知。

遇事多考虑3分钟，尤其是遇到你决定不好的事情，要先问自己：是否已经把该考虑的事都想到了？有没有什么遗漏？这件事是不是可行的……长期坚持下去，并养成一种习惯，你才能事事遂意，成为一个成熟的人。

## 09　说话细节，决定成败

说话的最高境界是，既简洁明了，又能让人听你说话之后，乐意按照你的表述去做，还没有怨言。

## 第三章 细微之处有乾坤

一个理发师傅带了个徒弟。徒弟学艺3个月后,这天正式上岗,他给第一位顾客理完发,顾客照照镜子说:"头发留得太长。"徒弟不语。

师傅在一旁笑着解释:"头发长,使您显得含蓄,这叫藏而不露,很符合您的身份。"顾客听罢,高兴而去。

徒弟给第二位顾客理完发,顾客照照镜子说:"头发剪得太短。"徒弟无语。

师傅笑着解释:"头发短,使您显得精神、朴实、厚道,让人感到亲切。"顾客听了,欣喜地离开了。

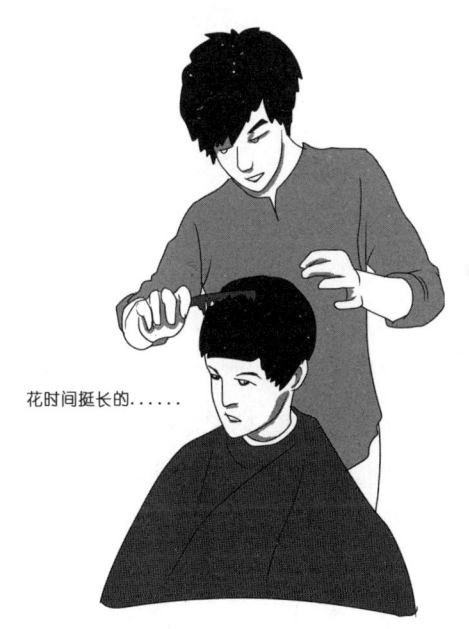

花时间挺长的……

徒弟给第三位顾客理完发,顾客一边交钱一边笑道:"花时间挺长的。"徒弟无言。

师傅笑着解释:"为'首脑'多花点时间很有必要,您没听说'进门苍头秀士,出门白面书生'这句话吗?"顾客听罢,大笑而去。

徒弟给第四位顾客理完发,顾客一边付款一边笑道:"动作挺利索,20

## 细节决定成败

分钟就解决问题。"徒弟仍旧不知所措,沉默不语。

师傅笑着抢答:"如今,时间就是金钱,'顶上功夫'速战速决,为您赢得了时间和金钱,您何乐而不为?"顾客听了,含笑告辞。

晚上打烊时,徒弟怯怯地问师傅:"为什么您一帮我说话顾客就很高兴,而我却不知道该怎么说。"

师傅宽厚地笑道:"那是因为我说的话又简单又受用,只要找准顾客的喜好,话不用多,一语就能中的。我之所以替你说话,有两个作用:对顾客来说,是讨人家喜欢,因为谁都爱听吉言;对你而言,既是鼓励又是鞭策,因为万事开头难,我希望你以后不但把活做得更加漂亮,而且要把话说得更明白、更好听。"

徒弟听了师父的话很受启发,从此,他越发刻苦学艺,徒弟的技艺日益精湛,一张巧嘴也深受顾客喜欢。

师傅简洁明了的话让这些挑剔的顾客都满意而去,让徒弟得到了信心,达到了说话者预想的效果。简洁明了的话更高的境界是,能让人听你说话之后,乐意按照你的表述去做,还没有怨言。

语言是人类沟通的最好工具,也是很重要的日常交际手段,它也是门艺术,话说得好,办起事来也方便;话说得不好就很可能产生误会,影响关系,甚至让事情朝相反的方向发展。说话就如做文章一样,简洁的文章才能谈得上是好文章,而简洁的话语是最容易被人们理解的。最关键的是,简洁的话语是高超的认识能力和思维能力的表现,也是自信心强、果敢决断的表现。

说话要简洁明了,恰到好处。要把最重要的信息用最清楚的方式表达出来,不必要的"信息一句带过",甚至根本不说,这样才能让听你说话的人立刻明白你的意思,达到你说话前预想的效果。

托尔斯泰曾说过:"人的智慧越深奥,其表达想法的语言就越简单。"沟通是有目的的。你要明确自己的目的是想让对方清楚你的意思。如果你说了一大堆的话,结果对方却只问了一句:"那么你要我怎样?"那就糟糕了。

简洁明了是沟通最重要的原则。本来可以简单说明的问题,却说得晦涩难懂,或者长篇大论,结果会让对方产生厌烦的感觉,也不明白你要表达的是什么意思,而和这种人说话也是非常痛苦的。

人们总是错误地认为说话越多越能表明自己有才华,其实事实刚好相反,简单明了的语言才是让对方服气的最佳方法。

所以,我们在平时一定要讲究说话的艺术,尽可能用最少的话清楚地表达你的要求和问题,让对方感到你是一个干脆的人,而你也会因此成为一个受别人欢迎的人。

## 10　不要在朋友面前炫耀自己

在朋友面前,千万不要炫耀自己,他不愿听到这样的消息,如果你只顾炫耀自己的得意事,对方就会疏远你,于是你在不知不觉中就失去了一个朋友。

小乌贼长大了,乌贼妈妈开始教它怎样喷"墨汁"来保护自己。

乌贼妈妈说:"每只乌贼都有自己的墨囊,在遇到敌人时,可以喷发墨汁来掩护我们逃跑。"小乌贼在妈妈的指导下,果然能喷出又黑又浓的墨汁了。

自从小乌贼学会了喷墨汁的本领后,就总是向它的伙伴小海参、小虾鱼炫耀自己。小海参说:"小乌贼,喷墨汁的确是你的本领,但也不应该总是拿出来炫耀啊!你应该学一些新的本领。"小乌贼听了很不服气地说:"真讨厌,用得着你来教训我。"然后它发怒了,喷出一股浓浓的墨汁,它

## 细节决定成败

的小伙伴们吓得东躲西藏,还把附近的海面弄得乌烟瘴气的,自己也搞不清方向了。这个时候,一条大鱼向它扑了过来,小乌贼急忙喷墨汁,但是它的墨囊里已经没有墨汁了,看着大鱼越来越近,小乌贼慌了。就在这关键时刻,小海参冲了过来喊道:"小乌贼,快闪开。"就在大鱼马上要吃掉小海参的时候,小海参丢出来一串肠子。

大鱼离开后,小乌贼羞愧地说:"小海参,原来你也有保护自己的方法啊!"小海参说:"抛给敌人肠子是我们保护自己的本能,没什么好炫耀的,好多生物的本领都比我们强很多。"小乌贼听后惭愧地低下了头。

流星一旦在灿烂的星空开始炫耀自己光亮的时候,也就结束了自己的一切。生活中,有些人总喜欢在别人面前炫耀自己的得意之事,总以为这样自己就会被朋友高看一眼,让别人对自己产生敬佩之情。殊不知,别人并不愿意听你的得意之事。自我炫耀,效果反而适得其反。因为你的得意会衬托出别人的失意,甚至会让对方认为你炫耀自己的得意之事便是嘲笑他的无能,让他产生一种被比下去的感觉,特别是失意的人,你在他面前炫耀自己的得意之事,他会更恼火,甚至讨厌你。

一次,有人约了几个朋友来家里吃饭,这些朋友彼此都非常熟悉,也经常往来。主人把他们聚拢来主要是想借着热闹的气氛,让一位目前正陷入低潮的朋友心情好一些。

这位朋友不久前因经营不善,导致自己的公司破产,妻子也因为不堪生活的压力,正闹着要与他离婚,内外交迫,他非常痛苦,也非常沮丧。

来吃饭的这些朋友都清楚他的这些遭遇,大家都避免去谈与事业有关的事,可是其中一位姓吴的朋友因为目前赚了很多钱,几杯酒下肚,忍不住就开始大谈特谈他的赚钱本领和花钱功夫,那种得意的神情,让每一个在场的朋友看了都有些不舒服。

那位失意的朋友低头不语,脸色非常难看,一会儿上厕所,一会儿去

洗脸,后来他猛喝了一杯酒,提前离开了。主人送他出去,走到巷口时,他愤愤地说:"老吴会赚钱也没必要那么炫耀啊!"

主人了解他的心情,因为多年前他也遇到过低潮,正风光的亲戚在他面前炫耀他的薪水、年终奖金,那种感受,就如同把针一支支地插在心上一般,甭提有多难受了。

所以说,在朋友面前,千万不要炫耀自己的得意。如果你只顾炫耀自己的得意事,对方就会疏远你,于是你不知不觉中就失去一个朋友。

不少人炫耀自己有能力,炫耀自己取得的巨大成功。但你是否想过,在炫耀过后你得到了什么?可能只有别人不屑的眼光,或者令别人更加疏远你。

聪明的人会将自己的得意放在心里,而不是放在嘴上,更不会把它当做炫耀的资本。

和朋友交谈,可以多谈他关心和得意的事,这样可以赢得对方的好感

## 细节决定成败

和认同。

有一个人刚调到市人事局当副局长的那段日子里,几乎在同事中连一个朋友也没有,他自己也搞不清是什么原因。

原来,这个人认为自己正春风得意,对自己的机遇和才能满意得不得了,几乎每天都使劲儿地向同事们炫耀他在工作中的成绩,炫耀每天有多少人请求他帮忙,等等。但同事们听了之后不仅没有人分享他的"得意",而且还极不高兴。

后来,还是他当了多年领导的老父亲一语点破,他才意识到自己的症结到底在哪里。从此他很少在同事朋友面前炫耀自己的得意之事。因为每个人都有得意之时,都想把自己的成就说出来,这比听别人吹嘘更令他们兴奋。后来,每当他有时间与同事闲聊的时候,他总是让对方把他们的得意炫耀出来,而他只作为一个倾听者与其分享,久而久之,他的同事们都成了他的好朋友。

每个人都希望别人重视自己,关心自己,如果你让他谈出自己的得意事,或由你去引导他说出他的得意事,他肯定会对你有好感,肯定会与你成为好朋友的。当今社会已经不是一个单打独斗的时代,你的成功需要许多人的帮助。如果能让朋友认同你,帮助你,那么很多事情也就容易多了。

# 第四章

## 发现细节，让成功更完美

人们常常习惯于把眼睛盯在大事上，往往忽略小事。而事实上，大事每个人都会刻意注意，小事却偏偏容易被忽略，一些细节更是往往被忽视。有一句话说得好——细节决定成败。在细节中发现机会，会助你走向成功。

细节决定成败

## 01　从细节做起

一件简单的小事，所反映出来的是一个人的责任心，工作中的一些细节，唯有那些心中装着"大责任"的人能够发现，能够做好。

老子曾说："天下难事，必做于易，天下大事，必做于细。"这句话精辟地指出，要想办事成功，必须选择从简单的事情做起，从细微之处着手。

我们要想开创人生的新局面，实现人生的目标与理想，就要从细节做起。这样，才能够一步步向前迈进，一点一滴积累资本，并抓住瞬间的机会，实现人生的突破，踏上成功的道路。

乔治·福蒂在《乔治·巴顿的集团军》中写道："1943年3月6日，巴顿临危受命为第二军军长。他带着严格的铁的纪律驱赶第二军，就像'摩西从阿拉特山上下来'一样。他开着汽车转到各个部队，深入营区。每到一个部队都要训话，诸如领带、护腿、钢盔和随身武器及每天刮胡须之类的细则都要严格执行。巴顿由此成为美国历史上最不受欢迎的指挥官。但是，第二军却的的确确发生了变化，它不由自主地变成了一支顽强的、具有荣誉感和战斗力的部队……"

巴顿一次次地训话，强调诸如领带、护腿、钢盔和随身武器及每天刮胡须之类的细则，虽然让士兵们厌烦，但是却在不知不觉中，使他们由细节开始转变，并最终改头换面。我们不得不说巴顿强调这些细节是有原因的。

"把简单的招式练到极致就是绝招。"细微之处见精神，有做小事的精神，才能产生做大事的气魄。伟大的成就来自细节的积累，一切的成功都是从小事做起，无数的细节就能改变生活。

## 第四章 发现细节,让成功更完美

"七个烧饼"的故事想必很多人听过:说的是有一个人买烧饼,吃了六个还没觉得饱,当吃到第七个时觉得饱了,他觉得前面六个烧饼的钱都白花了,早知道如此,只要买第七个烧饼不就成了吗?这个例子所体现的哲学思想是从量变到质变的过程,也许有些人无法上升到理论高度来阐述这个事实,但大家都明白,如果没有前面六个烧饼垫底,又怎么会有吃第七个烧饼就饱的结果呢?

同样,不要小看小事,不要讨厌小事,只要有益于自己的工作和事业,无论什么事情我们都应该全力以赴。用小事堆砌起来的事业大厦才是坚固的,用小事堆砌起来的工作才是真正有质量的工作。

而有些时候,人们对一个人的了解,注意的往往就是他平时的点点滴滴。在互不熟悉的情况下,人们在不知不觉中就会有先入为主的想法。一个细节常常反映大问题,所以一个人在细节上的表现和修养,其实就是他身份的象征。

丽君大学毕业后很幸运地被一家规模比较大的投资公司录用,她十分高兴,憧憬着自己要在这里大展拳脚。然而,踏上工作岗位才发现,对

## 细节决定成败

于新人，公司安排的实际工作并不多，倒是经常分配一些杂七杂八的事情，像发报纸、复印、传真、文件整理等。

同来的新人们觉得要他们大学生做杂活，感觉不受重视，很丢脸，不免满腹牢骚，便经常找借口推脱。丽君心里也觉得有些委屈，回家就和母亲说起，但母亲笑了笑，说："小事不做，焉能做大事。须知，由细微处方见真品性。"

于是丽君不再和大家一起发牢骚，见到别人不愿意做的琐事，她便接过来做，一下子就忙碌了起来，有时甚至还要加班加点。其他新人笑她傻，说有时间多休息一下多好；有人就说她爱表现，说不用这么拼命吧。不管别人怎么说，丽君总是笑而不语。

其实，丽君一点一滴的工作，部门主管都看在眼里。慢慢地，他开始选择一些专业的工作给她。公司的老员工也喜欢这个手脚麻利、不挑三拣四的"傻姑娘"，平时也很乐意将自己多年的工作心得传授给她，并将公司里人际关系上的微妙之处向她点拨。逐渐地，丽君在工作上越来越顺手，在人际交往的分寸上也把握得越来越好。

有了这么好的群众基础，又有了那么好的工作成绩，在讨论新人转正的问题时，丽君自然成了第一批转正的新人，并且被安排到了她最向往的岗位，成功地踏出了职业生涯的第一步。

每个人所做的工作，都是由一件件小事构成的。士兵每天所做的工作就是队列训练、战术操练、巡逻、擦拭枪械等小事；宾馆的服务员每天的工作就是对顾客微笑、回答顾客的提问、打扫房间、整理床单等小事；秘书每天所做的可能就是接听电话、整理报表、绘制图纸之类的小事。

一个关注细节、愿意把小事做好做细的员工，对于领导来说，是最需要的，也是最愿意委以重任的。因为对待小事尚且如此，那面对大事，更能处理得当。

生活中的奇迹，很多时候就发生在你不经意的一言一行之间，一句亲切的话语,一个友善的眼神,一个热心的帮助,都能让人感受你的爱和真诚,而成功的大门也会因此为你开启。这就是细节的魅力。灿烂星河是无数星星汇聚而成,丰功伟业也是由细小事情积累而来,所以,一定要从小事做起,时刻提醒自己,"勿以善小而不为,勿以恶小而为之"。

有一个人去应聘工作,随手将走廊上的纸屑捡起放进了垃圾桶,被路过的考官看到了,他因此得到了他想要的那份工作。原来获得赏识很简单,把小事做好就可以了。有一个人在修理店当学徒,有人送来一部坏了的脚踏车,这个学徒除了把车修好,还把车子擦洗得光亮如新,其他学徒笑他傻,车主将车取走的第二天,这个学徒就被请到车主的大公司上班去了。原来出人头地很简单,把细节做好就可以了。

点滴的小事之中蕴藏着丰富的机遇,不要因为它仅仅是一件小事而不去做。要知道,所有的成功都是在点滴之中积累起来的。

## 02 缜密思考,精细做事

如果你想有所成就,取得更大的成功,就要学会在做事前缜密思考,不忽视细节,以免因小失大,给你的人生和事业造成重大的损失。

《荀子·劝学篇》中说:"思索以通之。"做事情,时时刻刻都要讲究一个用心。做一件事,如果不去思考,那肯定是一种任意鲁莽的行为。

在职场中,任何一件小事都不能忽视,任何工作都要力求尽善尽美,这需要全力以赴,既要缜密思考,又要以精细的态度去做每一件事。

事情没有大小,唯有严谨细致,才能做到精,唯有精益求精才能把事情做好。而要把工作做精、做细,必须建立在缜密思考的基础上。如果没有认真、缜密的思考,工作起来就没有方向,也不能达到精益求精的效果。

## 细节决定成败

而很多人之所以在工作中粗枝大叶并不断地出现失误，就在于他们懒于思考，不肯进取，没有把本职工作做得完美无缺的意识。

立大志，做大事，精神固然可嘉，但只有脚踏实地从小事做起，从点滴做起，心思细致，抓住细节，才能养成做大事所需要的那种严密周到的作风。

有一位女士去应征财务经理，路上正好碰上一场大雨，幸好出门得早又带了伞，才没迟到。当她来到招聘单位的电梯前时，取出纸巾把鞋擦干净，然后把纸扔进垃圾桶。当她坐在面试经理面前时，经理看完证书之后，没问她任何问题，微笑着告诉她："欢迎你加入我们公司。"

当她不敢置信地看着经理时，经理告诉她："第一，这样的天气你仍然来了，说明你做人很有原则，很守信用；第二，你没有迟到，说明你准备充分，所以能早点出门，很守时；第三，你的衣服没湿，表示你昨天看了天气预报，来的时候一定带了伞；第四，刚刚从公司的监视器里看到了你的行为，证明你很有修养，很细心。一个人的小习惯是无法刻意掩饰的，所以我们很愿意和你这样的人成为同事。"

人生在世也是如此，有时一个细节就会改变你的命运。细节的成功看似偶然，实则孕育着成功的必然。一个不经意的细节，往往最能反映出一个人的修养和深层的素质。

## 第四章 发现细节,让成功更完美

千万不要以为只有宏图大略才是真正的大事,而那些"无关战略"的事情根本不值得关注,其实,现实生活中,往往就是因为忽略一些细枝末节的小事,而失去了很多重要的机遇或者酿成了重大的差错。

20世纪80年代,有一家著名出版社的负责人叫林跃,他希望出版社能够进一步扩大规模,以求能在出版界占据一定的地位,于是决定以较高的价格收购一家比较小的出版社。由于林跃急于推行这一购买计划以确保出版社在市场中的重要地位,因此给手下的工作人员施加了很大的压力。这就使得他的员工根本没有时间去做好细致的准备工作,便仓促上阵了。林跃想,至于那些无关紧要的小细节等到出版社一切进入正轨以后再处理吧。

然而,就因为林跃和他的下属过于仓促行事,没有经过缜密的思考,而在快速行动的过程中忽略了一个最不该忽略的细节:有人忘记了检查货款回收率。这一细节使得数以千计的顾客在订购这家出版社的产品时,只有20%的客户支付了货款。这件事情并不是被有意遗漏掉的,而是被淹没在众多大量琐碎的小事之中而被忽略掉了。

结果,这样一个小小的失误造成了流动资金周转不开,非但不能使整个战略产生预期效果,还造成了严重的经济损失。

许多事例告诉我们,大局的改变,往往是由每次一点点的小变化所决定的。今天你失去的可能只是用户的一次信任,或者只是一个普通的客户离你而去。可是,这小小的变化,带来的影响却是深远的。一个用户的离去,可以演变成一群或一大片用户的离去。特别是我们已经为工作做出了许多努力、付出了许多的汗水,到头来却因为自己没有把握好的一点小事,一个细节,从而使自己的努力付之东流,那岂不是更加得不偿失、枉费心机吗?

工作中的很多细节都会影响到我们的事业和前途。如果你想有所成就,取得更大的成功,就要学会在做事前缜密思考,不忽视细节,以免因小失大,给你的人生和事业造成重大的损失。

细节决定成败

## 03　凡事都应追求精益求精

　　事实上,所有的工作都应该尽职尽责,重视工作中的小事与细节。这不仅是工作的原则,也是做人的原则。

　　精益求精是一种品质、一种能力、一种素养、一种要求。成功的人生源于对"精"的追求,一个人有了"精"的理念、"精"的目标、"精"的行动,就一定会结出成果,脱颖而出,一定会赢得成功的人生。

　　在一家公司的墙上曾经有这样一句格言:"在此一切都应精益求精。"试想一下,如果每个人都能恪守这一格言,那么他们的自身素质肯定会有极大的提高。

　　作为员工,我们无论做任何事,都应该追求精益求精。在企业中,有许多员工做事只求差不多。尽管从表面看来,他们也很努力,也付出很多,但结果总是不能令人满意。

　　工作中一点小疏忽到了客户那里就会演变成大问题,轻则会令企业形象受损,重则会为企业带来灭顶之灾。

　　浙江某地用于出口的冻虾仁被欧洲一些商家退了货,并且要求索赔。原因是欧洲当地检验部门从1000吨出口冻虾中查出了0.2克氯霉素,即氯霉素的含量占被检货品总量的五十亿分之一。经过自查,环节出在加工上。原来,剥虾仁要靠手工,一些员工因为手痒难耐,就用含氯霉素的消毒水止痒,结果将氯霉素带入了冻虾仁。

　　这起事件引起不少业内人士的关注,一则认为这是质量壁垒,五十亿分之一的含量已经细微到极致了,也不一定会影响人体,只是欧洲国家对农产品的质量要求太苛刻了;二则认为是素质壁垒,主要是国内农业企业员工的素质不高造成的;三则认为这是技术壁垒,当地冻虾仁加工企业和政府有关质检部门的安全检测技术,落后于国际市场对食品质量的要求,根本测不出这么细微的有害物质。然而无论人们如何评判这次事件的结果,我们都可以从中吸取这样一条经验教训:只要是错误,无论怎么细小,都可能造成重大的损失。

工作的时候,你就应该这样来要求自己:倾尽全力,精益求精,力求完美。

我们在工作中,常常忽略一些小事,认为那些都是细枝末节,并不重要。其实我们的工作就是由一件件小事拼凑起来的,只要将一件简单的事做到最好,积累起来后,就是成功的基石。

柯赫在哥廷根大学医学院学习期间,教授病理学和解剖学的是很有权威的亨尔教授,亨尔提出的传染病理论引起了柯赫的兴趣。

柯赫学习成绩优良,但有时有些粗心,在笔记中常有笔误。亨尔有意栽培他。有一天,他让柯赫誊写一大部医学论文的原稿。柯赫见教授的原稿写得并不潦草,对于为什么让他做这件事疑惑不解。

亨尔看透了他的心思,对他说:"好些聪明的学生都不肯做这种繁重乏味的抄写工作,但是从事医学研究的人,一定要具有一丝不苟的精神。

## 细节决定成败

医理上错了一招,可不像纸上错了一笔那样无伤大雅,那可是人命关天的事啊!"

老教授的话语重心长,对柯赫教育很大。柯赫把老师的话铭记在心中。从此,他无论学习还是研究,都非常严谨。

亨尔教授要求他的学生:"必须不断地通过显微镜从传染物中寻找细菌,并将它分离出来,测试其致病力,才能确认它是否是引起人体传染病的原因。"柯赫理解了教授这段话的重要意义,并终身实践着老师的教诲。

后来,他接触到霍乱病。这种致命的疾病已经和文明世界纠缠了几百年甚至更长的时间。能有机会研究霍乱病,使柯赫感到很幸运。那时,成千名汉堡居民传染上了霍乱,许多人被送进了医院,有不少病人由柯赫负责治疗。

那年春天,柯赫从患者身上取下感染物,放到打磨光洁的显微镜片下进行检查。后来,他终于分离出霍乱病菌,并且征服了这种可怕的细菌。

德国政府为了表彰他的功绩,颁发给他10万马克的奖金。随后,柯赫担任了柏林大学教授兼该校卫生研究所所长。

精益求精的态度对个人来说很重要,而对于一个公司来说,同样如此。任何一家想在竞争中取胜的公司都必须先设法使每个员工精益求精、做到最好。没有精益求精、做到最好的员工,公司就无法给顾客提供高质量的服务,就难以生产出高质量的产品。当员工将精益求精、做到最好变成一种习惯时,就能从中学到更多的知识,积累更多的经验,就能从全身心投入工作的过程中找到快乐。在这复杂多变的竞争环境中,我们需要做事精益求精的人。

## 04 搜集并不断地消化信息

不论是什么信息,也不管它有多大的价值,如果不能消化吸收,加以有效运用,那永远只能算是一堆废物,对于你的成功将毫无帮助。

菲利普·亚默尔是亚默尔肉类加工公司的老板,他每天都有看报纸的习惯,虽然有忙不完的生意,但他每天一定要抽出时间来阅读当天的各种报刊。

1875年初春的一个上午,他和往常一样坐在办公室里看报纸,一条不过百字的消息引起了他的注意:瘟疫在墨西哥出现。

亚默尔顿时眼前一亮:如果瘟疫出现在墨西哥,就会很快传到加州、得州,而北美肉类的主要供应基地是加州和得州,一旦这里发生瘟疫,全国的肉类供应就会立即紧张起来,肉的价格也会迅猛上涨。

他马上让人去墨西哥进行实地调查。经调查,证实了这一消息的准确性。

亚默尔立即着手筹措资金大量收购加州和得州的生猪和肉牛,运到离加州和得州较远的东部饲养。两三个星期后,西部的几个州就出现了瘟疫。联邦政府立即下令严禁从这几个州外运食品。北美市场一下子肉类奇缺,价格暴涨。

亚默尔认为时机已经成熟,马上将囤积在东部的生猪和肉牛高价出售。仅仅三个月时间,他就获得了900万美元的利润。

亚默尔长期看报纸,重视信息,所以他更能看准并抓住有利的时机。他手下有几位专门为他负责收集信息的人员,他们都有很高的文化水平,拥有丰富的管理经验。他们每天把美国、英国、日本等世界几十份主要报

## 细节决定成败

纸收集到一起,看完后,再将每份报纸的重要资料一一分类,并且对这些信息作出评价,最后才送到亚默尔的手中。

如果他认为哪条信息有价值,就会把他们召集在一起,对这些信息进行分析研究。这样,他在经营中由于信息准确而屡屡成功。

当今社会,是信息爆炸的时代,谁获取信息快,谁就先致富,谁就先成功。而要想让信息为我们服务,就要平日注意搜集,同时还要不断地消化、处理。

我们每天都会收到无数条信息,如果这些信息未经消化吸收,那只能是一堆废物。有时不懂得运用信息,还可能"吃撑了胀气"或者"吃坏了拉肚子"。

梁生是一家电子厂的厂长,该厂原来生产灯盘、节能灯等相关产品,因为产品销路不好,厂子处于停顿状态。梁生急火攻心住进了医院。住在他邻床的病人恰巧是一位电子工程师,为人谦和,学问也很深,梁生经常向他请教一些问题,尤其是像自己手下的这种电子厂,究竟如何才能在市场夹缝中生存下去。

工程师告诉梁生,企业的成功在于抢占先机,如果能进入市场竞争相对不那么激烈的领域,企业的日子自然就好过了。工程师还向梁生提供了这样的信息:录像机在一些发达国家已经开始饱和甚至滞销,即将取代录像机的将是新一代视听产品 DVD,由于成本比较昂贵,碟片也不易买到,所以还不能一下子普及到家庭。相反,一种过渡型产品 DVD 被广东万燕率先推出,打了个漂亮的时间差,利润十分可观。

这条信息令梁生茅塞顿开,似乎已经看到了工厂光明的前景。梁生的病奇迹般地好了,他一出院,便开始着手准备生产 DVD。半年后,产品生产出来了,并源源不断地发往全国,销量特别好。

但好景不长,很快商家开始大批量地退货,原因是工厂缺乏此类电器的生产经验,工人的整体素质都不高,技术人员相对匮乏,所以生产出来

## 第四章 发现细节,让成功更完美

的 DVD 质量不过关。等到厂子提高了产品质量,这时市场的 DVD 已经供过于求,梁生这种毫无竞争力的小厂,成了风雨中飘摇的一叶小舟,很快就关门大吉了。

不论是什么信息,也不管它有多大的价值,如果不能消化吸收,加以有效运用,那它只能是一个无用的信息。另外,你所搜集的信息不见得都是有用的、正确的,如果不保持清醒,不懂得如何分辨和取舍,那你很有可能会受到模糊信息的干扰,甚至可能一不小心就走向了错误的道路。

所以,要使信息发挥效力,就得充分地整合信息,正确地分析模糊信息,然后加以有效运用,订立计划,立即实施。这样,才不会像梁生那样,"吃坏了拉肚子"的情况。

有一个有效运用信息的典型例子:曾经有一个商人,在与朋友的闲聊中,朋友说了一句话:今年滴水未降,但据气象部门预测,明年将是一个多雨的年份。

说者无心,听者有意。商人觉得朋友的这几句话应该是一条很有价值的信息,是一个难得的商业机会。那么,同雨天关系最密切的东西是什

105

细节决定成败

么呢？当然是雨伞。

商人立即着手调查当年的雨伞销售情况，结果是大量积压。于是他同雨伞生产厂家谈判，以明显偏低的价格从他们手中买来大量雨伞囤积，准备等待时机。

转眼就是第二年，天气果然像朋友所说的那样，雨一直下个没完。商人囤积的雨伞一下子就成了抢手货，仅此一次，商人就大赚了一笔。

在现代社会里，信息成为一种不可忽视的力量，对于人们的生活和事业的成功更起着非常重要的作用。而面对纷杂的各类信息，你一定要判断准确，正确分析，对信息加以消化吸收，并加以善用，果断决策，而这需要你前期的细心、耐心，才能做出后期的正确决策。

## 05　关注细节，就是成功

一叶知秋，小中见大。失败常常因忽视非常细小的地方引起，成功则往往从重视做好每一个细节开始。

古人曾经说过这样一句话："一言以丧邦，一言以兴邦。"意思是说，我们的一句话可能会失去一个国家，也可能因为一句话振兴国家。古人意在告诉我们细节的重要性。但是，今天很多人似乎对于古代圣贤们的教诲有点怀疑。虽然我们口口声声说"小不忍则乱大谋""千里之堤、溃于蚁穴"等，可是在我们的实际工作中，依旧缺乏对细节的关注。

细节是成功的关键，没有细节的成功，就不会有大事的形成。心中立下了做大事的志向，接下来的就是稳步地前进。在前进的道路上，肯定会出现许多的小问题，你必须得学会去处理它们。在小事情上下工夫把它们做得很仔细的话，就会在大事情上成就自己的人生。

## 第四章 发现细节,让成功更完美

"千里之堤,溃于蚁穴"。一个不经意的疏忽,其破坏力往往是惊人的。正如20世纪最伟大的建筑师之一的密斯·凡德罗所言,"细节的准确、生动可以成就一件伟大的作品,细节的疏忽也可打败一个宏伟的规划。"正是因为忽视细节,汰渍洗衣粉的销售和品牌形象曾遭受过严重的创伤。

在宝洁公司刚开始推出汰渍洗衣粉时,市场占有率和销售额以惊人的速度向上飙升。可是没过多久,这种强劲的增长势头就逐渐放缓了。保洁公司的销售人员非常纳闷,虽然进行了大量的市场调查,但一直都找不到销量停滞不前的原因。

为彻底找出症结所在,宝洁公司召集诸多消费者开了一次产品座谈会。会上,有一位消费者一语中的,道出了汰渍洗衣粉销量下滑的关键点,他抱怨说:"汰渍洗衣粉的用量太大了。"

宝洁公司的领导们听得一头雾水,忙追问其中的缘由。这位消费者说:"你看看你们的广告,倒洗衣粉要倒那么长时间,衣服是洗得干净,但要用那么多洗衣粉,太不划算了。"

听到这番话,销售经理赶快把广告找来,计算了一下展示产品部分中倒洗衣粉的时间,一共是3秒钟,而其他品牌的洗衣粉,广告中倒洗衣粉的时间仅为1.5秒。

就是在广告宣传上这么细小的一点疏忽,差点断送了汰渍洗衣粉的销路。看来,细节的确不可以忽视。可以说在所有事情上,细节是手段,是过程,是投入;而完美是结果,是结局,是目标的表现。

而许多人之所以能够成为成功人士,之所以能够成为名人,其实没有什么特别的原因,仅仅是比普通人多注重一些细节问题而已。东汉的薛勤曾说:"一屋不扫,何以扫天下?"令人深思。先哲大师荀子在《劝学》中阐述:"不积跬步,无以至千里;不积小流,无以成江海……"而儒家遵循"修身、齐家、治国、平天下",讲的都是同一个道理:凡事皆是由小至大。

**细节决定成败**

正所谓集腋成裘，必须按一定的步骤程序去做。

我们在平时的生活中，一定要关注细节，不要使小错误成为失败的开端，而失去美好的前程。细节真的很重要，一个癌细胞可以剥夺一个人的生命；一块砖头可以使整个高楼倾塌；一颗棋子可以输掉一盘棋。看似微不足道的东西有时可以影响到人的一生。在生活中，多一份细心、多注重细节，成功将属于你。

# 06　别忘了随时为自己鼓掌

当一个人的才能得到他人的认可、赞扬和鼓励的时候，他就会产生一种发挥更大才能的欲望和力量。

日本一家濒临倒闭的食品加工公司受到经济危机的影响，命运岌岌可危。为了起死回生，公司决定裁减三分之一的雇员。高层决定裁撤的雇员有三类：清洁工、司机、没有任何技术含量的仓库保管员。总共有三十余位。

人事部经理找他们谈话，说明了公司的窘迫处境，以及裁员的意图，并且表示希望他们谅解。

一位清洁工说："我们很重要。如果没有我们打扫卫生，没有清洁、优美的工作环境，其他员工怎能全身心地投入工作？"一位司机说："我们也很重要。这样多的产品没有司机怎么能够迅速销往市场？"一位仓库保管员也说："我们同样也很重要。战争刚刚过去，许多人挣扎在饥饿的生死线上，如果没有我们存在，这些食品岂不是要被流浪街头的乞丐们偷光抢光吗？"

人事经理觉得他们的话都很有道理，经过全面权衡，最终决定不再裁

● 第四章 发现细节,让成功更完美

我很重要!

减公司雇员,并且重新制定了管理策略。

人事经理还在公司入口处悬挂了一块匾,匾上写着四个大字:"我很重要"。

从此每天公司职工来上班时,第一眼看到的就是这四个字。而且,有了上次的裁员事件,人人都十分珍惜目前的工作机会。无论第一线职工还是高层白领,大家都认为领导很重视自己,因此工作也很卖命。"我很重要"四个字调动了全体职工的敬业精神。

于是,公司平安地度过了经济危机。几年后,经济危机结束了,该公司迅速崛起,一跃成为日本的王牌公司之一,这就是现在众口皆碑的"松下公司"。

每个人都希望、也都需要得到别人的肯定。日本有句格言:"如果给猪戴高帽,猪也会爬树。"这句话听起来似乎不雅,但同样说明了这样的一个道理:当一个人的才能得到他人的认可、赞扬和鼓励的时候,他自身的潜能就会更大地发挥出来。

但是,仅仅依靠别人的肯定、鼓励是远远不够的,因为在生活中,你碰到的更多可能是责难、讥讽、嘲笑。这时候,你一定要学会从自我激励中激发自信心,学会自己给自己鼓掌。

## 细节决定成败

美国的一位心理学家说过:"不会赞美自己的成功,人就激发不起向上的愿望。"是的,千万不要小看自我肯定,自我激励,它往往能给你带来欢乐和信心。信心增强了,就会鼓励你去追求更大的成功,自信心也就会再度增强,就这样良性地循环下去。

在现实生活中,有些人没有自信,总是期望得到别人的掌声。一个成功人士说:"别在乎别人对你的评价,否则会成为你的包袱,我从不害怕自己得不到别人的喝彩,因为我会记得随时为自己鼓掌。"

要学会给自己鼓掌,通过赞美自己的一次次微小的成功,来不断增强你奋力向前的信心,从而获得成功。如果说为他人喝彩是一种鼓励、一次奖赏的话,那么为自己鼓掌则是一种自信、一次运筹。

工作和生活中,谁都会遇到艰难坎坷、曲折磨难、痛苦彷徨、失意迷茫,甚至于失败,但这些都不可怕,可怕的是自己否定自己,自己打倒自己,自己摧毁自己。俗话说,信念决定命运。信念可以产生神奇的力量并且获得意想不到的结果。必须坚信,命运的钥匙永远掌握在自己手中,而如何灵活地使用这把钥匙开启那扇成功的大门,除了执著的追求外,信念至关重要。当我们摔了跟头时,应该立即爬起来,掸掸身上的尘土,为自己鼓劲,为自己喊一声:"加油!"当我们获得一次微小的成功之后,应该敢于骄傲地对自己说:"我真棒!"每当困难来临时,自己给自己打气,用信念滋养勇气;当失败来临时,自己给自己鼓劲,总结经验寻找新的挑战;而当机会来临时,为自己壮胆,用知识和智慧,写下新的业绩。

为自己鼓掌的人一定是强者,因为他敢于接受任何挑战,自强不息,正是这种鼓励给他们带来源源不断的动力,无悔地追求自己的理想,最终实现自己的目标。

唐代诗人李白在《将进酒》中写道:"天生我才必有用,千金散尽还复来。"字字都体现着无比的自信。坚信自己的价值,学会为自己喝彩,才会拥有一个精彩的有意义的人生。

第四章 发现细节,让成功更完美

## 07　善于捕捉生活的细节

伟大的成功往往源于生活中的一点闪光。这点闪光平时会一直深埋于你大脑中的某一个角落,悄无声息,在极度的黑暗中,却被激发出来,划出最灿烂的光芒。

有句话说得好:"细节决定成败。"有人认为,这是指工作中应该注意细节。其实,在生活中细节也同样非常重要。

捕捉细节,让平凡变得伟大。一个小小的吊灯在空中摇摆,伽利略发现了,于是就有了单摆;苹果掉在地上,牛顿发现了,由此揭开了宇宙神秘的面纱。的确,正是由于他们善于观察,善于捕捉生活的细节,才使他们在科学界有了伟大的发现和理论,才使他们由平凡变得伟大。

一位一无所有的年轻画家,无依无靠,孤单而行。

为了理想,他毅然出门远行,来到堪萨斯城谋生。他来到一家报社应征,因为这家报社的编辑部有一个较好的艺术氛围,这也正是他所需要的。但主编看了他的作品后大摇其头,认为其作品平淡无奇而不予录用。这使他感到万分失望和沮丧,也第一次尝到了被拒绝的滋味。

后来,他终于找到了一份工作,替教堂作画。可是报酬极低,他没有资金租用画室,只好借用一家废弃的车库作为临时办公室。他每天就在这充满汽油味的车库里辛勤工作到深夜,他想应该没有谁能比现在的他更艰苦的了。

尤其烦人的是,每次熄灯睡觉时,就能听到老鼠吱吱的叫声和它们在地板上的跳跃声。但为了明天能有充足的精力去工作,他只好忍耐。

有一天,疲倦的画家抬起头,他看见昏黄的灯光下有一对亮晶晶的小

## 细节决定成败

眼睛,原来是一只小老鼠。如果是在几年前,他一定会想尽一切办法去捕杀这只老鼠,但是现在他不会这样,一只死老鼠难道比活老鼠更有趣吗?磨难已经使他具备了大艺术家所具有的悲天悯人的情怀。他微笑着注视这只可爱的小精灵,可是它却像影子一样溜了。窗外风声呼啸,他倾听着天籁的声响,感到自己并不孤单,好歹有一只老鼠与他为伴,它还会来的。想到这些,他觉得心里轻松了许多,于是他又开始埋头工作。

那只小老鼠果然一次次出现,不只是在夜里。他从来没有伤害过它,甚至连吓唬都没有。它在地板上做着多种运动,表演精彩的杂技。而他作为唯一的观众,则奖给它一点点面包屑。渐渐地,他们互相信任,彼此间建立了友谊。老鼠先是离他较远,见他没有伤害的意思,便一点点靠近。最后,老鼠竟大胆地爬上他工作的画板,并在上面有节奏地跳跃。而他呢,从来不去赶走它,而是默默地享受与它亲近的情意。

信赖,往往能创造出美好的境界。

不久,年轻的画家离开了堪萨斯城,被介绍到好莱坞去制作一部以动物为主的卡通片。这是他好不容易得到的一次机会,他似乎看到理想的大门开了一道缝。但不幸得很,他再次失败了,不但因此穷得身无分文,并且再度失业。

多少个不眠之夜!他在黑暗里苦苦思索,他怀疑自己的天赋,怀疑自己真的一文不值,他在思索着自己的出路。终于在某天夜里,就在他沮丧的时候,他突然想起了堪萨斯城车库里那只爬到他画板上跳跃的老鼠,灵感就在那个暗夜里闪出一道耀眼的光芒。他迅速爬起来,拉亮灯,支起画架,立刻画出了一只老鼠的轮廓。

有史以来,最不平凡的动物卡通形象——米老鼠就这样平凡地诞生了。

这位年轻的画家就是后来美国最负盛名的人物之一——才华横溢的沃尔特·迪斯尼。

他创造了风靡全球的米老鼠。谁能想到,曾经在那间充满汽油味的车库里生活过的小老鼠,就是世界上最负盛名的米老鼠的原型,这只小老鼠因此让沃尔特·迪斯尼名噪全球。

伟大的成功往往源于生活中的一点闪光。这点闪光平时会一直深埋于你大脑中的某一个角落,悄无声息,在极度的黑暗中,却被激发出来,划出最灿烂的光芒。

生活中许多偶然的细节可能决定我们的成败。也许你早已习惯了生活中的这些细节,例如,母亲天天为我们准备的早饭和精心搭配的晚餐。可能你会觉得,准备早饭晚餐,这都是些多么琐碎的事情啊!可是日积月累,这些小事反映出母亲多么伟大的爱与奉献,你可曾思考过?

## 08 万斤油,不如一招鲜

精通一门真正的专业技术,就能赢得良好的声誉,也就拥有了一种成

## 细节决定成败

功的秘密武器。

日本丰田汽车在创业之初是靠老销售员强而有力的销售发展起来的。但是随着时代的进步,汽车性能不断改进,对销售员的素质要求也越来越高,一些缺乏专业知识的老销售员被换了下来,取而代之的是受过专门训练的大学生。而那些老销售员为了不被淘汰,拼命地学习,不断地更新知识,努力让自己成为一名业务专精的销售员。

在现实工作中,有许多人贪多求全,什么都想弄懂但什么都不精通,对工作只求一知半解,这些人被人们称为"万斤油",这些"万斤油"总觉得自己什么都知道,但是如果让他们把那些知识往深层挖掘,他们却说不出什么所以然,其实他们没有什么真才实学。"万斤油"们工作起来经常会出错,不但害了自己,也害了所在的公司或企业。

企业里流行着这样一个口号:"工作不吃苦,回家卖红薯;业务学不精,别想拿奖金。"对员工而言,精业是时代的要求,也是企业的需要。一个不能精通本职工作的员工,纵然有再高的工作热情,要想干好工作也是不可能的。

每位老板都在寻求能精通自身工作、做事一丝不苟的员工,哪怕只是精通自身所涉及工作范围内的技能,也是老板眼中不可多得的好员工,这就验证了"万斤油,不如一招鲜"的理论。对员工本人来说,如果能真正地掌握一门专业技术,比那些所谓的"全才"要强得多。掌握一门专业技术才更适合自己在公司里的长远发展,也能为公司创造更直接的效益。

许多"万斤油"总是抱怨自己怀才不遇,没有受到重用,其实他们更应该扪心自问:自己是否认真研读过专业方面的书籍?自己是否像画家仔细研究过画布一样仔细研究职业领域的各个细节问题?不要想当然地认为脑袋里那些杂乱的知识,能换来多大的价值。

一位管理学大师说:"无论从事何种职业,都应该精通它。"无论从事何种职业,下决心掌握自己职业领域所涉及的问题,使自己变得更精通。

## 第四章 发现细节,让成功更完美

如果你是工作方面的行家里手,精通一门真正的专业技术,就能赢得良好的声誉,也就拥有了一种潜在成功的秘密武器。

许振超是青岛港前湾集装箱码头有限责任公司工程技术部的固机经理、高级技师。

2003年9月30日,许振超带领他的团队创造了每小时381自然箱的集装箱装卸效率,从而刷新了世界集装箱装卸的最高纪录,这一效率后来被命名为"振超效率"。

许振超凭着"干就干一流,争就争第一"的韧劲,练就了"一钩准"、"无声响操作"等"绝活"。他主持编写了国内第一本港口桥吊作业手册,被众多专业院校列为教材;他打破桥吊司机一年才能出徒的惯例,创出了一套"累计动车60小时即可出徒"的培训办法,培养出一支"技术精、作风硬、效率高"的优秀团队。

许振超只有初中文化水平,但是刻苦钻研、勤奋努力使得他成为业界专家。20世纪70年代,他刚进青岛港的时候,别人上班包里只拎个饭盒,他的包里却多一本书。到上海港学桥吊,别人周末去逛上海滩,而他一门心思地泡在码头上研究图纸。

许振超相信,知识可以改变命运,岗位能够成就事业。他说过一句令工友们感到震撼的话:一个人可以没文凭,但不可以没知识;可以不进大学殿堂,但不可以不学习。

许振超参加工作30多年,干一行、爱一行、精一行,把学习作为干好工作的第一需要,掌握了高压变配电、电力拖动、计算机、数字控制技术、网络通信等多学科的专业知识,这为他日后进行技术革新打下了良好的基础。

许振超已经成为新时期产业工人的杰出代表,他的名字也响遍了全国。

由此可见,决定一个人成就的不是初始的工作岗位,而是对精业的追

115

## 细节决定成败

求。再普通的岗位,只要将功夫练到极致,就能创造出不平凡的业绩。

如果一个公司里,绝大部分员工都属于"万斤油"之类,而没有几个真正精通工作的人,那么这个公司迟早会枯萎,制造出来的商品也如同他们的专业技能一样,经不起考验,损失也就不言自明了。

很多员工工作时也很卖力,从不偷懒,但却不注重业务技能的提高。他们很容易满足现状,从来不想方设法让自己的工作精益求精。现在看来对自己没有太大影响,但社会在发展,企业在进步,今天所用的知识也许在不久的将来将毫无用处。

李强和刘勇既是同事又是好朋友,10年前,他们所在工厂的效益每况愈下,并且他们都深知当前职场竞争日趋激烈,所以他们决定未雨绸缪,提前为自己充电,然后寻求"薪"情更好的单位。

李强经过深思熟虑,决定去考研究生,然后再考几门职业证书,学成之后不愁找不到好工作。他非常勤奋,潜心苦读两年多,非常顺利地拿到了MBA证书,并且一鼓作气拿到了会计师职称以及电脑操作、专业英语等热门证书。可是,当他觉得自己的综合素质得到提升,并拿着这些证书去求职时,才发现凭借某一证书就能拿高薪的年代已经过去了,企业招人更看重的是否具备营销经验和客户资源,而一些重要管理岗位则更加注重实际工作经验,他的这些证书都派不上太大用场。最后总算有家私营企业答应要他,目的是给企业撑门面,但收入只比过去的工厂高一点点。

再反过来看一下刘勇,他并没有盲目地"综合充电",经过一番调查,他发现如今电脑越来越普及,由此导致了电脑硬件故障维修率相应提高,同时,电脑病毒猖獗也经常使电脑数据丢失,如果学会维修硬盘和恢复数据的技术,岂不是自己立足职场的一个杀手锏?经过多方打听,他得知北京中关村有一家电脑学校开设了硬盘维修班,于是他拿出仅有的一万多元积蓄到北京参加了学习。

学成后,他在一家客流量较大的电脑城开了一个硬盘维修专柜。开业后生意非常红火,开业当天他为某大医院修复了一个CT机的电脑硬盘,将价值数万元的医疗数据全部恢复,仅仅一个小时就赚到了5000元钱。

如今,年纪轻轻的刘勇已经是全省最大硬盘修复中心的老总了,他买了房子和私家车,而这一切,均是依靠这门维修硬盘的手艺。

有时,会一门手艺比起"综合"提升自己更重要,"一招鲜吃遍天,样样会活受罪",有时拿再多的证书还不如掌握一门实实在在的手艺。

记住:如果你能真正制好一枚别针,应该比你制造出粗陋的蒸汽机赚到的钱更多。

## 09 高贵补鞋匠的启示

任何远大的目标都是从最细小的具体行动开始的,只有用心把每一

## 细节决定成败

**件小事做到最好，才会成就自己的大事业。**

有一位上了年纪的补鞋匠，铺子开在了巴黎古老的玛黑区。一天，一位女士拿鞋子去请他修补，他先是对她说："我没空。拿给大街上的那个家伙吧，他会立即替你修好。"可是这位女士早就耳闻了他的补鞋技术，他是一个巧手的工艺匠。

"不成，那个家伙一定会把我的鞋子弄坏的。"女士回答。

"那个家伙"其实是那种替人即时钉鞋跟和配钥匙的人，他们根本不懂得修补鞋子或配钥匙。他们工作马虎，替你缝一回便鞋的带子后，你倒不如把鞋子干脆丢掉。

那鞋匠见女士坚持不，于是笑了起来，他把双手放在蓝布围裙上擦了一擦，看了看她的鞋子，然后让她用粉笔在一只鞋底上写下自己的名字，说："一个星期后来取。"

当女士正准备转身离去时，他从架子上拿下一只极好的软皮靴子。他得意地说："看到我的本领了吗？整个巴黎只有三个人能有这种手艺。"

这位女士出了店门，走在大街上，觉得好像走进了一个簇新的世界。那个老工艺匠仿佛传说中人物……他说话不拘礼节，戴着一顶形状古怪满是灰尘的毡帽，奇特的口音不知来自何处，而最特别的，是他对自己的技艺深感自豪。

现实生活中，总有一些好高骛远的人，他们总以为自己的学历高，应该承担更大的责任，所以他们不屑于去做那些微不足道的小事。殊不知，任何远大的目标都是从最细小的具体行动开始的。只有用心把每一件小事做到最好，才会成就自己的大事业。生命中的大事都是由小事累积而成的，没有小事的累积，是成就不了大事的。所以，每一个员工都应该了解到这一点，关注那些以往认为是无关紧要的小事，培养自己对事负责、做事一丝不苟的品德。

一天与一生相比似乎太短,太微不足道,但人的一生却是由无数个一天组成的。同样,很多看起来无关紧要的小事,往往是惊天动地的大事的基础。任何人做任何一项工作,只要用心,只要能够坚持,就能创造出巨大的价值,就像这位老鞋匠一样。

其实,出色的工作就是最为高贵的头衔。一个认真而又诚实的工匠无论做那一门手艺,只要他尽心尽责,忠于职守,除了保持自尊之外别无他求,那么,他的高贵品质就不亚于一个著名的艺术家。所以说,只有尽心尽力地工作,不轻视自己的工作才是最高贵的。

的确,一个人无论从事什么样的工作,要想崭露头角,就要争取做到最好。要有负责任的态度,也就是说要有敬业的精神,要忠于自己的职业,才会热爱自己的职业,才有可能要求自己对工作做到尽职尽责,进而精益求精。

## 10　小事不小,从细微之处做起

希望成就一番大事业的人千万不要忽视了那些不起眼的小事情,有时候,小事情、小细节往往成就大未来。

有位智者曾经说过这样一段话:"不会做小事的人,很难相信他会做成什么大事。做大事的成就感和自信心是由小事的成就感积累起来的。可惜的是,我们平时往往忽视了它,让那些小事擦肩而过。"

对于很多人来说,工作中常常有许多简单、繁琐的小事。大量的工作也都是这些繁琐的小事的重复。面对这些小事,有的人会显得不屑一顾,他们会问:"做好这些小事能有什么意义呢?这些事人人都会做,也人人都能做!"

## 细节决定成败

海尔总裁张瑞敏先生在比较中日两个民族的认真精神时曾说:如果让一个日本人每天擦桌子六次,日本人会不折不扣地执行,每天都会坚持擦六次;可是如果让一个中国人去做,那么他在第一天可能擦六遍,第二天可能擦六遍,但到了第三天,可能就会擦五遍、四遍、三遍,到后来,就不了了之。有鉴于此,他得出这样一个结论:把每一件简单的事做好就是不简单,把每一件平凡的事做好就是不平凡。

约翰·布兰德的成长经历,可以说是对"小事成就大事"的最完整的诠释。约翰20岁那年,进入福特汽车公司的一家制造厂。当时,福特公司的一部汽车由生产各种零部件到装配出厂一般要经过13个部门的合作,每一个部门的工作内容和工作性质都是不同的。约翰心想,既然自己加入了汽车制造这一行,就要做出一定的成绩,而要真正做出成绩,就必须对汽车的整个生产制造过程有全面深入的了解。

于是,他主动向上级申请,自己要从最基层的杂工做起。杂工不是正式的工人,不属于哪个特定的部门,也没有固定的工作场所,哪里有活儿就到哪里去。正是因为这种灵活的工作方式,使约翰有机会与工厂的各个部门接触,从而对各部门的工作性质和工作内容慢慢有了了解。

两年的杂工经历让约翰对汽车的制造过程有了较为全面的认识,随后他申请调入汽车椅垫部工作。由于他之前工作非常勤奋,申请很快就被批准了。他工作起来非常踏实认真,不久就掌握了多种汽车椅垫的制造工艺。后来,他陆续申请去了车床部、车身部、电焊部、油漆部等其他12个部门。在不到5年的时间里,他几乎把每个部门的工作都做了一遍。最后,他决定进入最后一站——申请去装配线上工作,这也是整个汽车制造的最后一环。

父亲对约翰的行为不太理解,他问约翰:"你都工作五六年了,还在做这些焊接、刷漆、造零件的小事情,何时能出头呀?"约翰笑着回答道:"爸爸,我做的可都不是小事呀!汽车不就是这样制造出来的吗?等我把这

● 第四章 发现细节,让成功更完美

些小事都学会了,我就可以造出一辆完整的汽车了。我学的不是造零件而是造汽车呀!"当认为自己对整个汽车的生产过程都比较了解之后,约翰觉得是应该提升自己职位的时候了,于是决定把装配线当做自己崭露头角的"根据地"。

因为之前对各种零部件都比较了解,懂得各种零部件的制造特点和优劣,因此他的装配操作进行得十分顺利,水平渐渐超过了装配车间的许多老员工,他所装配的汽车很少发生检验不合格的情况。不久之后,他就凭借自己的能力晋升为装配车间的领班。一年后,他被破格提升为整个制造厂的总领班。如果一切顺利的话,他将很快晋升经理……

成功没有捷径,需要我们一步一个脚印地往上爬。约翰·布兰德正是因为不轻视小事、不放弃工作中的每一个细节,有计划、有目的地做小事并精于小事,才得以架起了通向成功的阶梯。

忽略了小事就难成大事。小事不小,从细微之处做起,逐渐锻炼意志,增长智慧。通过小事,可以折射出你的综合素质。从做小事的态度,来赢得大家的信任,你才能得到干大事的机会。实际工作中的每一件事都值得我们认真去做,即使是最普通的事,也不应该敷衍应付或轻视懈怠,相反,应该付出你的热情和努力,多关注怎样把工作做得最好,倾尽所能、全力以赴、尽职尽责地去完成。

**细节决定成败**

总而言之,一个人能否取得卓越的成就,取决于他能否将那些再平凡不过的小事做好。因此在工作中,不要轻视小事,因为小事往往具有重要的作用。

# 第五章
## 伟大源于细节的积累

世界上所有伟大的成功者都非常注意细节,他们大多都是从小事开始做起。如果你想成就伟大的事业,那就先从底层做起,从小事做起,关注细节,打牢基础,然后才能掌控全局,成就伟大。

细节决定成败

# 01　耐心地做好每一个平凡的细节

许多的小习惯是由细节累积而成的,而这些小习惯也往往会在重要的时刻展现出它的影响力,至关重要的小细节便成了这些影响力的小螺丝钉。

细节是具体的问题,实在的问题,也是丝毫不可轻视的问题,它是社会进步的基石,也是个人发展的基点。从大方面说,细节关乎一个国家的兴亡。温家宝总理说:"中国有13亿人口,不管多么小的问题,只要乘以13亿,那就是大问题。"从小方面说,细节体现着个人的修养,反映个人的素质,突显个人的工作能力。

有一个年轻人,在一家石油公司谋到一份工作,任务是检查石油罐盖焊接好没有。这是公司里最简单枯燥的工作,凡是有出息的人都不愿意干这件事。这个年轻人也觉得,天天看着一个个铁盖太没有意思了。他找到主管,要求调换工作。可是主管说:"不行,别的工作你干不好。"

年轻人只好回到焊接机旁,继续检查那些油罐盖上的焊接圈。既然好工作轮不到自己,那就先把这份枯燥无味的工作做好吧。

从此,年轻人静下心来,仔细观察焊接的全过程。他发现,焊接好一个石油罐盖,共用39滴焊接剂。

为什么一定要用39滴呢?少用一滴行不行?在这个年轻人以前,已经有许多人干过这份工作,却从没有一个人想过这个问题。这个年轻人不但想了,而且认真测算试验。结果发现,焊接好一个石油罐盖,只需38滴焊接剂就足够了。年轻人在最没有机会施展才华的工作上,找到了用武之地。他非常兴奋,立刻为节省一滴焊接剂而开始努力工作。

## 第五章 伟大源于细节的积累

原有的自动焊接机,是为每罐消耗39滴焊接剂专门设计的,用旧的焊接机,无法实现每罐减少一滴焊接剂的目标。年轻人决定另起炉灶,研制新的焊接机。经过无数次尝试,他终于研制成功了"38滴"型焊接机。使用这种新型焊接机,每焊接一个罐盖可节省一滴焊接剂。积少成多,一年下来,这位年轻人竟为公司节省开支5万美元。

一个每年能创造5万美元价值的人,谁还敢小瞧他呢?由此年轻人迈开了成功的第一步。

许多年后,他成了世界石油大王——洛克菲勒。

有人问洛克菲勒:"成功的秘诀是什么?"他说:"重视每一件小事。我是从一滴焊接剂做起的,对我来说,点滴就是大海。"

在做的过程中,尤其是在一开始,我们不要被大事吓倒,而要"大处着眼,小处着手"。

近代大草书家于右任是国民党的元老,曾出任国民政府监察院院长。可那时的一些"国府大员",表面上衣冠楚楚,但背后一点斯文都没有,随处小便,搞得堂堂国府大院臭气熏天。于老先生没有办法,只得写了一张"不可随处小便"的告示,让秘书贴在墙角旮旯处。但不一会儿,告示便不翼而飞。原来于老先生的字太漂亮了,而且他老人家从不轻易书字送人,好书法者只得揭此字幅来满足自己的欲望。但字虽好看,内容却目不忍睹。幸亏此人聪明绝顶,他把条幅裁成七块,将字序重新排列,改成了"小处不可随便",并且请人装裱好,即变成了一条颇为严肃的警世箴言。

或许有些人只是在赞叹这个人真的是很聪明,却没有深切体会这句名言背后的深层含义。"小处不可随便",说的其实就是要注重细节的问题。什么是细节?细节就是那些琐碎、繁杂、细小的事,因为我们日常大量的工作就是这些琐碎、繁杂、细小的事情的重复。

古人云:"不矜细行,终累大德。""苟以细过自恕而轻蹈之,则不至于大恶不止。"小处不可随便,因为小事不小,"小"中往往隐藏着"大"。

125

## 细节决定成败

商纣王刚即位的时候,政治还算清明,大家都认为他是个明君。有一天,在朝堂上,议事完毕后,他忽然拿出自己请人制作的象牙筷子,请大臣们观看。大臣们看后,都说做得精致大方。但箕子见了这双筷子,却像见了鬼一样,吓得半晌说不出话来,脸色由红转白,由白转青。众人问他怎么回事,他牙颤口抖,连话都说不出来,弄得大家十分疑惑。

**我怕纣王变坏呀!**

纣王非常不高兴地退朝以后,有人问箕子为什么吓成这样,箕子说:"我怕纣王变坏呀!"大臣们感到惊讶:堂堂国王,做一双象牙筷子,虽然不是什么好事,也不是什么坏事,怎么会吓成这样呢?

箕子说:"列位想想看,这样好的筷子,纣王肯定不会把它放在土制碗罐里,那会显得太难看、太委屈这象牙筷子了。它应该配上一些玉制的碗碟才显得好看。有了象牙筷、玉碗、玉碟、玉杯,那吃些什么呢? 再用这些精美的起居用品盛些豆角、豆叶之类来吃,恐怕纣王也不太乐意了。他必然要在这样的碗碟里装上牦牛、大象、金钱豹的胎来吃才有滋味。而用玉碗、玉碟盛着象胎、豹胎,他肯定又不会穿着粗布短衣,站在这茅屋草棚下吃它,这样,就要费时织衣、费人盖房,而锦衣广厦了。长久下去,人们就

126

会对他不满,而为了镇压这种不满,就要采取残暴手段。那时候,你我还能站在这朝堂上吗?"

果然,过了5年,纣王开始追求奢华的生活,建了肉林、鹿台,还建了蓄满美酒的池子,大量杀害直谏的大臣。他的荒淫无道,最终引起了反抗,他自己也终于被周武王逼上了鹿台自焚,失去了商朝江山。

而这一切,箕子早在一双象牙筷子上就看出来了。

小处不可随便,人生一世,没有一件事情,小到可被抛弃,没有任何细节,细到应被忽略。作为普通人,怕只怕不屑于做具体、平凡、简单的小事,不屑于注重事物的每一个细节。如果这样的话,最后的结果只能是白白地浪费了用在"小事"上的时间资源而没有任何收获,将永远是普通人,甚至不如普通人。

随着现代企业规模的不断扩大,员工的数量也日益增多,彼此之间的分工越来越细。但是高层管理者毕竟是少数,绝大多数员工从事的仍旧是简单的、繁琐的、不起眼的小事。但卓越的员工能够在这些平凡的工作和一件件不起眼的小事中,耐心细致地做好每一个细节,为自己和公司不断创造价值。

耐心做好每一个平凡的细节是一个员工必备的习惯,它体现着一个人的工作态度、行为方式、做人理念。那些关注细节的人,小事在他们眼里从来不是小事,他们总是认真对待发生在身边的每一件小事,做好每一个细节,并在细节中寻找机会,从而使自己走向成功之路。

## 02 持之以恒地从小事做起

小事是大事的组成部分,包含着大事的意义。做好小事是完成大事

## 细节决定成败

的基础和前提。因此对工作中的小事绝不能采取敷衍应付或轻视懈怠的态度。

一只新组装好的小钟，放在了两只旧钟之间。两只旧钟"滴答"、"滴答"一分一秒地走着。其中一只旧钟对新来的小钟说："来吧，你也该工作了。可是我有点担心，你走完3200万次以后，恐怕会吃不消了。"

"天哪！3200万次！"小钟吃惊不已，"要我做这么大的事？我办不到，办不到。"

另一只旧钟说："你别听它胡说八道。不用害怕，你只要每秒'滴答'一下就行了。"

"天下哪有这样简单的事情？"小钟将信将疑，"不过如果真是这样，那我就试试吧。"

小钟很轻松地每秒钟"滴答"摆一下，不知不觉中，一年过去了，它果然摆了3200万次。

小钟每秒摆一下，不知不觉，在平凡中就完成了一件大事——走完了3200万次。由此看来，成功也不是一件难事，只要我们努力做好每一件小事就可以了。

那么小事到底是什么，说到底就是在工作中所遇到的细节问题。在现实生活中，大事都是由小事构成的，"合抱之木，生于毫末。九层之台，起于垒土"，即使让你修建万里长城，也得一块砖一块砖地垒，不做小事，就不会有大事的成功。但是在一般人看来，许多小事没有什么价值，甚至可以忽略不计，其实，并非这样，对于任何事情都要保持认真的心态，正确的对待工作中出现的问题。不要小看了这些小事，有的时候，正是这些小事，成为你取得成功的关键。

日本狮王牙刷公司的员工加藤信三的故事就是一个很好的例子。有一次，为了赶时间上班，加藤急急忙忙地刷牙，没想到刷得牙龈出血。他非常恼火，走在上班的路上仍非常气愤。

● **第五章** 伟大源于细节的积累

到了公司,为了集中精力工作,加藤将心头的怒气平息了下去。后来,他和几个要好的同事提及此事,并相约一同想办法解决刷牙时容易伤及牙龈的问题。

他们想出了很多办法,如把牙刷毛改为柔软的狸毛,刷牙前先用热水把牙刷泡软,多用些牙膏,放慢刷牙速度等。但效果均不明显。后来,他们在放大镜底下进一步检查牙刷毛,发现刷毛顶端并不是尖的,而是四方形的。加藤想:如果把它改成圆形,不就行了!于是,他们着手改进牙刷。他们将改进后的牙刷进行试验,发现效果非常理想。

加藤正式向公司提出了改变牙刷毛形状的建议。公司领导看了这个建议后,觉得非常好,决定把全部牙刷毛的顶端改成圆形。

改进后的狮王牌牙刷销路极好,销量直线上升,最后占到了全国同类产品销售量的40%左右。加藤也由普通职员晋升为科长。十几年后,加

**细节决定成败**

藤凭借着"在做事的细节中找机会"这一突出的个人优点,成功晋升为狮王牙刷公司的董事长。

在一般人看来,牙刷不好使,只是一件司空见惯的小事,所以很少有人会去想办法解决这个问题,机遇也就从身边溜走了。而加藤不仅发现了这个问题,而且对小问题进行了细致地分析,从而使自己和自己所在的公司都取得了成功。

做好小事贵在坚持,如果稍有松懈的话,我们就有可能会前功尽弃。对许多人来说,能够坚持做好每一件小事的确不是一件容易的事情。有人可能会说,一天两天还好一些,但如果长年累月地继续下去,那么很有可能会坚持不下去的。这就需要员工的忍耐力,要记住:做任何事情,既然做了,就要把它给做好,不要半途而废,以免既浪费时间,又得不到什么成果。

细节决定成败,绝对不是一句夸张的话。从小事上严格要求,对"简单"的事情认真地重复,并持之以恒,不仅需要我们有强烈的责任心,还需要我们有耐心。如果能把自己所在岗位的每一件小事做成功、做到位就很不简单了。

## 03 记住别人的名字

尊重一个人莫过于尊重他的名字,因为,人们都重视自己的名字,并尽量设法让自己的名字流传下去,甚至愿意付出任何的代价。

名字是一个人的标志,在社会人际交往中,记住他人的名字是很重要的。人人都渴望被重视、被尊重,而记住别人的名字,则会给人一种被人尊重、被人重视的感受,因此,在交往中记住他人的名字很容易让人对你产生好感。

一个著名的社会学家曾这样说过:"一般人对自己的名字比对地球上所有的名字加起来还要感兴趣。"的确,记住别人的名字,而且很轻易地叫出来,等于给予别人一个巧妙而有效的赞美;但若是把人家的名字忘掉,或写错了,那么,你就会处于一种非常不利的地位。

不过,有时候要记住一个人的名字并不是一件容易的事,尤其是外国人的名字,一般人都不愿意去记它。下面的故事也许能给我们一些启示:

著名的推销员锡德·李维曾经拜访了一个顾客,名叫尼古德玛斯·帕帕都拉斯。因为这个名字非常难念,别人都只叫他"尼克"。李维说:

"在我拜访他之前,我特别用心地念了几遍他的名字。当我用全名称呼他:'早安,尼古德玛斯·帕帕都拉斯先生'时,他呆住了。过了几分钟,他都没有答话。最后,眼泪滚下他的双颊,他说:'李维先生,我在这个国

## 细节决定成败

家 15 年了，从没有一个人会试着用我真正的名字来称呼我.'"

名字蕴涵着人类的自尊、个性与自由。尊重一个人就要尊重他的名字。每个人都重视自己的名字，并尽量设法让自己的名字流传下去，甚至愿意付出任何的代价。

"钢铁大王"卡耐基孩提时代在苏格兰的时候，有一次抓到一只兔子，那是一只母兔，他很快又在旁边发现了一整窝的小兔子，但没有东西喂它们。他于是想了一个很妙的办法。他对附近的那些孩子们说，如果他们能给兔子找到足够的吃的东西，喂饱那些兔子，他就以他们的名字来替那些兔子命名。

这个方法太灵验了，结果许多孩子争着去找。卡耐基一直忘不了。

许多年之后，他希望把钢铁轨道卖给宾夕法尼亚铁路公司，而艾格·汤姆森正担任该公司的董事长。因此，卡耐基在匹兹堡建立了一座巨大的钢铁工厂，取名为"艾格·汤姆森钢铁工厂"。

当卡耐基和乔治·普尔门为卧车生意而互相竞争的时候，这位钢铁大王又想起了那个兔子的经验。

当时卡耐基控制的中央交通公司，正在跟普尔门所控制的那家公司争夺联合太平洋铁路公司的生意，你争我夺，大杀其价，以致毫无利润可言。卡耐基和普尔门都到纽约去见联合太平洋的董事会。有一天晚上，俩人在圣尼可斯饭店碰头了，卡耐基说："晚安，普尔门先生，我们争得你死我活，岂不是在出自己的洋相吗？如果合作你看怎么样？"

"你这句话怎么讲？"普尔门非常想知道卡耐基的想法。

于是卡耐基把他心中的想法详细地说了出来，他希望他们两家能够合并起来，而不是互相竞争，并把种种好处分析给普尔门听。普尔门认真地倾听着，但是他并没有完全接受。最后他问，"这个新公司要叫什么呢？"卡耐基立即说："普尔门皇宫卧车公司。"

普尔门的目光一亮，"到我的房间来，"他说，"我们来讨论一番。"这次的讨论改写了一页工业史。

安德鲁·卡耐基这种重视朋友和商业人士名字的方式,是他领导才能的秘密之一。他以能够叫出他许多员工的名字为傲,而他很得意地说,当他亲任主管的时候,他的钢铁厂未曾发生过一次罢工事件。

在生活中,多数人记不住别人的名字,这是因为他们不肯花时间和精力去专心地记忆。因为他们认为这是一件不重要的事。一名政治家所要学习的第一课是"记住选民的名字就是政治才能,记不住就是心不在焉"。记住他人的姓名,在商业界和社交上的重要性,几乎跟在政治上一样。

能够牢记结识的所有人物的姓名,在人际交往中是十分重要的,即使是只有一面之缘,如果你能够随时随地准确地称呼他的姓名,是对他最大地恭维和赞赏。我们应该知道一个名字里所能包含的奇迹,并且要了解名字是完全属于我们交往的这个人,没有人能够取代。

请记住:一个人的名字对他自己来说,是全部词汇中最好的词。为了取得社交上的成功,成为受欢迎的人,从现在开始用心记住别人的名字吧!

## 04　昨晚多几分钟的准备,今天少几个小时的麻烦

每一天都在做准备,每一天做的事都是在为将来做准备,当你做好了充分的准备,机会来临时你就会牢牢抓住。

2003年的秋天的一个早晨,N.C电子公司的董事长詹姆士·拉尔走

## 细节决定成败

在他的厂区里,经过一个正在清扫树叶的保洁员身旁。保洁员拿着一把长长的扫把,费力地扫着。而那把扫把实在太旧了,齿间稀疏,漏掉了许多叶子。

詹姆士停下来问:"先生,你的工具太不好用了吧,为什么不换一把?"

"我的操作间里只有这一把。"保洁员头也不抬地继续干着他的活。"你为什么不去仓库里找找呢?"

"没有,仓库离我的操作间也实在太远了。"保洁员用手擦拭了一下发边的汗水,才发现和自己说话的竟是董事长,不禁有些不知所措。"噢,詹姆士先生,我不知道是您,我这就去仓库找找。"

看着保洁员离去的背影,詹姆士十分生气,心里说:"这是在做工作吗?真不能理解!要不是看在他一直辛勤地工作,从不偷懒的份上,我现在就开除他。"

经常能看到有些人一天到晚忙得不可开交,但办事效率却不高,出现这种现象的主要原因是没有在做事前做好准备工作。有一个在职场打拼的成功人士说:"昨晚多几分钟的准备,今天就会少几个小时的麻烦。"可见事前准备,对一个人办事效率的提高及一个人的成功是相当关键的。

现在的社会已经成为一个处处存在竞争的社会。在这个大环境下,只有有准备的人才能脱颖而出,只有有准备的企业才能走在前面。做事预先计划周全,早做准备,才能事半功倍。如果做事前不做任何准备,临时抱佛脚,要想事情圆满成功,那就难了。

幽默大师林语堂一生应邀做过无数场演讲,但是他不喜欢别人未经事先安排,临时就要他即席演讲,他说这是强人所难。他认为一场成功的演讲,只有经过事先充分的准备,内容才会充实。

对于一个如林语堂这么擅长演讲而又学识丰富的学者,他都不做没有准备的演讲,可见事先准备工作的重要。

"凡事预则立",每件事,只有事先做好相关的准备工作,到时才不至于手忙脚乱,才能把事情圆满地做好做完善。

在吸引了几乎全世界人眼球的拳坛世纪之战中,当时正如日中天的泰森根本没有把已年近40岁的霍利菲尔德放在眼里,自负地认为可以毫不费力地击败对手。同时,几乎所有的媒体也都认为泰森将是最后的胜利者。美国博彩公司开出的是22赔1泰森胜的悬殊赔率,人们也都将大把的赌注押在了泰森身上。

在这种情况下,认为已经稳操胜券的泰森对赛前的准备工作——观看对手的录像以预测出可能出现的情况及应对措施,甚至对充足的睡眠和科学的饮食都敷衍了事。

但是,比赛开始后,泰森惊讶地发现,自己竟然找不到对手的破绽,而对方的攻击却往往能突破自己的漏洞。于是,气急败坏的泰森做出了一个令全世界人都感到震惊的举动:一口咬掉了霍利菲尔德的半只耳朵!

霍利菲尔德的成功和泰森的失败皆因准备。是的,每一件差错皆因准备不足,每一项成功皆因准备充分。苏格拉底说:"没有经过考验的人

## 细节决定成败

生是一文不值的。同样,没有做前期准备的工作是不会一帆风顺的。"有了第一天的短短几分钟的准备过程,你就能对第二天的工作有充分的认识,这样就知道第二天哪件事最重要,哪件事是应该最先做的,就能知道做事的轻重缓急和先后次序。所以,千万不要忽视对昨天的几分钟的准备。

我们几乎每天都生活在准备之中,所以,反而对它的重要性视而不见。提起准备,也许有人会说:"准备没有什么了不起。"但就是这不起眼的准备,能造就神奇的成功,反之也能造成痛苦的失败。

例如,你昨天少花几分钟时间做准备工作,可能会使你今天忙而无序,从而导致工作不能顺利完成;或许你昨天少花了几分钟对谈判资料及相关文件加以熟悉,可能会导致你在第二天的谈判中陷入不利的局面,面对对方严厉的攻击,而无还手之力,最后导致失败。

做任何事情,都要提前做好充分的准备。作为一个上班族,要想把第二天的工作做好,你最好在每天下班前的几分钟制定出第二天的工作计划,如果把这个工作计划拖到第二天上午上班时候才做,那么做起来就比较费劲,因为那时又面临新一天的工作压力。而前一天晚上就把第二天要做的准备工作做好,到第二天工作起来就会轻松多了。

在头一天做好准备工作,可以了解第二天每项工作可能会发生的问题,并能采取预防措施,防微杜渐。

每一天都在做准备,每一天做的事都是在为将来做准备,当你做好了充分的准备,机会来临时你就会抓住;如果你没有做好准备,机会来临时你可能也抓不住。

泰戈尔说:"生活不会善待没有准备的人,甚至常常是粗暴和残酷的。但是对待有充分准备的人则是非常驯服的,承认你是主人,情愿为你服务。"凡事做好准备,每一天都可以很轻松地达成你的目标。所有成功的人,都是凡事有准备的人。

## 05 把细节落实在任何时候

但凡是做得好的强势企业,都是在细节的比拼上下过很大工夫的。如果没有关注细节的意识,会给我们的商业活动带来很多麻烦,有时甚至会决定企业的成败。

我们还是要不厌其烦地重复老子那句话:"天下难事,必作于易,天下大事,必做于细。"我们要想开创人生的新局面,实现人生的突破,就要选择关注细节,从小事做起。一个小小的细节能够反映出大的问题。例如,比赛中的每一个动作、教练的每一次指导和每一个小的比分对比赛的成败都是至关重要的。这就是细节的魅力。

生活中举止言谈之间,一笑一颦之间,工作中办事说话之时,站姿坐相之间,处处都充满着细节的魅力。只要我们能够把细节落实在任何时

## 细节决定成败

候,我们就会成功。每一条跑道都挤满了参赛对手,每一个行业都挤满了竞争对手。如果你任何一件小事做得不好,都有可能把顾客推到竞争对手的怀抱中。

一位妇女每星期都固定到一家杂货店购买日常用品。在持续购买了3年后,有一次因为店内的一位服务员对她态度不好,她便到其他杂货店购物。12年后,她再次来到这家杂货店,并且决定要告诉老板为何她不再到他的店里购物。老板很专心地倾听,并且向她道歉。等到这位妇女走后,他拿起计算器计算杂货店的损失。假设这位妇女每周都到店内花25美元,那么12年她将花费1.56万美元。

只因为12年前的一个小小的疏忽,导致了他的杂货店少做了1.56万美元的生意!

有的时候,细小的地方可以带来严重的后果。

一家书店的记账员因为书店的账目不清,就连续三个星期夜以继日地查账,但最后还是没有发现错在哪里。账面上明明有900元的亏空,却怎么也查不出来。他一遍又一遍地核对每一笔交易的收入和支出情况,一遍又一遍地把账目核对后再加起来,直到最后快要把他逼疯了,但还是查不出到底错在哪里。

最后,书店的经理单独把他叫去的时候,他此时已经是心力交瘁、几近崩溃了,经理和他两个人重新翻开了账本,从头到尾又核对了一遍,但是900元账目的亏空还是查不出所以然来。

于是,他们把当班的书店营业负责人叫了进来,然后大家再次核对这900元的账目。这一次,没费多大的工夫,他们就查出问题所在来了。

"看,是这儿,这里应该是1000元!"那个营业人员说,"但是,怎么就把它记成了1900元呢?"

经过仔细的检查才发现,账本上粘住了苍蝇的一条腿,正好在1000元数额上第一个零的右下角,于是1000就变成1900了。

## 第五章 伟大源于细节的积累

成也细节,败也细节。现实生活中有很多人因为某些小小的不经意,错失了成功的机会。而那些重视细节,并能抓住细节的人,却获得了意想不到的成功。

小事成就大事,细节成就完美。成功有时候很简单,它往往就在一瞬间,而需要的只是你对细节的足够关注。

有一天,通用汽车庞迪亚克分部收到了这样一封投诉信:

"这是我第二次给你们写信了,我并不会因为第一次没得到答复而责怪你们,因为我自感也有点疯狂,但我说的都是事实。我家有个习惯,每天晚餐后将冰激凌作为甜点。每天吃完饭后,我们全家人都会投票决定今晚吃的种类,然后我才会开车去商店买。最近买了一辆新庞迪亚克车之后,我去商店的路上就产生了问题,这和我们家饭后的甜品习惯似乎有些关系,问题是这样:每次买香草冰激凌后,当我准备从商店返回家时,我的车就点不着火;如果我买其他种类的冰激凌,车就可以正常启动。我想你应该知道,不论听上去多么愚蠢,我还是很严肃地提出这个问题:当我买香草冰激凌时,庞迪亚克就会罢工,而买其他种类的时候就毫无问题,这是为什么?"

尽管庞迪亚克总裁对这封信持有一种可理解的怀疑,还是派了一名工程师去核实此事。令这个工程师惊讶的是,欢迎他的是一位住在高档社区明显受过良好教育的成功人士。他们安排晚饭后见面,于是他俩跳上汽车驶向冰激凌商店。这晚买的是香草冰激凌,果不其然,他们回到车里后,车不能启动。这个工程师又去了三个晚上。

第一晚,买巧克力的,车启动了。

第二晚,买草莓的,车可以启动。

第三晚,买了香草的,车不能启动。

此刻作为一个理性的人,工程师拒绝相信这人的车对香草冰激凌过敏。他计划在没解决这个问题之前,他不会停止他的拜访。接近结束,他

## 细节决定成败

开始整理笔记,里面记有:各种日期,每天的时间,用过的各种汽油,来去的时间,等等。

很快,他有了线索:买香草冰激凌比买其他口味用的时间少。为什么?答案是商店的布局。

香草冰激凌是最受欢迎的口味,为方便快速取食,放在商店柜台前面一个独立的容器里。所有其他口味的冰激凌保存在商店后面不同的容器里,会用很长时间来找到并取出。

现在对于工程师的问题是为什么时间短车不能启动。一旦时间变成问题,而不是香草冰激凌,工程师很快找到了答案:气阻。它每晚都发生,但是买其他口味多用的额外时间允许发动机充分冷却以启动。当这人买香草冰激凌时,发动机仍然太热不能驱散气阻。

汽车不能启动的症结点竟然在一个小小的"气阻"上,这的确是一个很小的细节。可能在许多公司看来,这是一件不可思议的事,但通用汽车公司的工程师却一而再、再而三地寻找问题的所在,因为注重细节,谨慎小心分析,最后终于找出了故障的原因。

从此可知,细节问题的简化就是小的东西,如果我们能够把握住小的东西的重要性,我们便可以成就大的事业。要想赢得公司上下甚至包括客户在内的普遍尊敬,我们就必须注重细节,因为我们的工作能力和人格魅力都将通过一些具体的细节展示出来。

精细化管理时代的到来,要求管理要管到位,管理无小事。管理大师彼得·德鲁克曾说过,看一个公司的管理如何,要看细节做得怎样。他曾戏言,到洗手间走一圈就可以断定这个公司的管理水平。当今时代是一个细节制胜的时代,企业要想在市场竞争中立于不败之地,必须注重细节的管理,要把细节落实在任何时候。

只有在管理实践中落实细节,企业规划的蓝图才会有意义。那些成功的企业之所以成功,其中的"注重细节"是不可忽视的。像世界著名企业诺基亚、宝洁、沃尔玛等,无一不是从精细化中走向辉煌。

在平凡的工作中,处理细节的能力也是评定员工能力的主要标准之一。一个注重细节、将任何事情都做得完美的人,必定会开拓自己的一片天地。如果一个人不注重细节,没有认真做好每一个细节的态度,又怎么能让老板和上司们对他有信心,从而让他承担更重要的责任呢?所以,无论做什么事情,无论在哪里做事,都要明白职场中一条重要的准则:把细节落实在任何时候。

## 06 勤做小事

所有的成功者都与我们一样,每天都在全力以赴地做一些小事,唯一的区别是他们从不认为自己所做的事是简单的小事。

人们都想做大事,而不愿意或者不屑于做小事。想做大事的人太多,

## 细节决定成败

而愿意把小事做好的人太少。事实上,生命中的大事皆由小事积累而成,没有小事的积累,也就成就不了大事。人们只有了解了这一点,才会开始关注那些以往认为无关紧要的小事,开始培养自己做事一丝不苟的美德,力争成为深具影响力的人。但是很多人轻视小事,认为小事不值得做,因此为自己的工作留下了隐患。

工作中有些员工会觉得,日复一日地干一些简单枯燥的事情,整理一些琐碎的资料会很无聊。这时他难免会想:"为什么不能尽我之才,为什么总让我干那么琐碎的事呢?"他可能因此而消极地对待工作,办事开始拖拉,因为他认为凭他的能力轻易就能完成,在最后时刻再干都不迟。正是这些想法,使得许多优秀员工无法顺利完成任务,或者惹下麻烦耽误事情。

很多时候,将你击垮的不是那些巨大的挑战,而是一些非常琐碎的小事。很多人都有着这样的体验:当灾难突然降临时,人们常会因为紧张、恐惧而本能地产生一种巨大的抗争力量。然而,当一些鸡毛蒜皮的小事困扰你时,你可能就会束手无策,因为它们是生活的细枝末节,很少会引起人们的注意。然而,正是这些看似微不足道的小事,却能不断地消耗人的精力。

一个人要想成就一番事业,需要做好日常生活中的每一件小事。正所谓"千里之行,始于足下"。那些总想着做大事,而对小事不屑一顾的人是不会取得成功的。做好小事正是完成大事的基础和前提。世界上最难懂的一个道理就是,最伟大的生命往往是由最细小的事物点点滴滴汇集而成的。

1948年的一天,瑞士发明家乔治·德·曼斯塔尔带着他的狗去郊外打猎。乔治·德·曼斯塔尔一直想发明一种能轻易地扣住、又能方便地脱开的尼龙扣,但是一直没有结果。当他和狗都从牛蒡草丛边擦过,狗毛和曼斯塔尔的毛料裤上都粘了许多刺果,这引起了乔治·德·曼斯塔尔

● 第五章 伟大源于细节的积累

的极大兴趣。

回到家里,曼斯塔尔立即用显微镜仔细观察粘在皮毛上的刺果。他发现刺果上有千百个细小的钩刺勾住了毛呢和狗毛。

这使他顿然发现:如果用刺果作扣件,真是再好不过了。受此启发,他发明了以一丛细小的钩子啮合另一丛细小圈环的新型扣件——凡尔克罗,这是一种能轻易地扣住、又能方便地脱开的尼龙扣,不锈,轻便,可以水洗。它的用途很广,包括服装、窗帘、椅套、医疗器材、飞机汽车制造业。宇航员们依靠它在失重状态下,可将食品袋扣在舱壁上;在靴底上装上凡尔克罗,使他们的靴子附在飞船舱里的地板上。

刺果勾附动物身体本来是牛蒡草生存和繁衍的特性,因为刺果的这种特性可以使牛蒡草的种子随动物的活动播撒得更远,但是,许多人对大自然赋予牛蒡草的这种特性视而不见,但却被认真仔细的曼斯塔尔发现了,并利用来造福人类。

其实,所有的成功者,他们与我们都做着同样简单的小事,唯一的区

## 细节决定成败

别就是,他们从不认为他们所做的事是简单的小事。

俗话说:"一滴水,可以折射整个太阳。"许多大事都是由微不足道的小事组成。日常工作中同样如此,看似繁琐、不足挂齿的事情比比皆是,如果你对工作中的这些小事轻视怠慢,敷衍了事,到最后就会因"一着不慎"而失掉整个胜局。同样,如果你因为勤做小事,可能会因此获得意外的成功。

美国福特公司是全球驰名的汽车公司,它不仅使美国汽车产业在世界上占据鳌头,而且改变了整个美国的国民经济状况,而谁又能想到该奇迹的创造者福特,当初进入公司的"敲门砖"竟是"捡废纸"这个简单的动作?

那时候,福特刚大学毕业,他去一家汽车公司应聘。和他同去应聘的几个人都比他学历高,当前面几个人面试之后,他觉得自己没有什么希望了。抱着重在参与的想法,他敲门走进了董事长的办公室。一进门,他发现门口地上有一张纸,很自然地弯腰把它捡起来,发现是一张废纸,便扔进了废纸篓里。然后才到董事长的办公桌前,说:"我是来应聘的福特。"董事长说:"很好,很好,福特先生,你已被录用了。"福特感到迷惑不解,对董事长说:"董事长,我觉得前几位都比我优秀,您怎么把我录用了呢?"董事长说:"前面三位应聘者仪表堂堂,学历也比你高,但是他们的眼睛只能看见大事,而看不见小事。你的眼睛能看见小事,我认为能看见小事的人,将来自然能看到大事。一个只能看见大事的人,他会忽略很多小事,他是不会成功的。所以我录用了你。"福特就这样进入了这个公司。从此以后,福特开始了他的辉煌之路,并把公司改了名,让福特汽车闻名全世界。

再大的事业也是从小做起的,小的事情容易把握,如果你能在小事情上理出清晰的脉络,挖出其中闪光的地方,把它做得有声有色,那你根本不用担心能否把它做大,做大只是个时间的问题,只是乘法里面的系数问题。谁都能做好一件简单的事情,但不一定能做成大事情;谁如果只想做大事情,却连一件简单的事情都做不好,或不愿意做,就一定做不成大事业。

所以说,一个人要养成重视小事的习惯,勤做小事。只要你多留心观察,善于观察,勤于思考,一点小事就可能将你引上成功之路。

## 07 准备好行动的每一步

让一个人去做一件没有准备好的事情,在行动之前就已经注定是失败的,不仅浪费了时间和精力,而且付出的努力越多,失败的代价也就越大。

在很久以前,一个村庄的几头猪逃跑了。它们逃进了附近的一座山上。经过几代以后,这些猪变得越来越凶悍,甚至胆敢威胁经过那里的人。几位经验丰富的猎人很想捕获它们,但这些猪狡猾得很,从不上当。

一天,一个老人领着一匹拖着两轮车的毛驴,走进野猪出没的村庄。车上装的是木料和谷粒。老人告诉当地的居民,说他能捉到野猪。人们都嘲笑他,因为没有人相信老人能做到那些猎人做不到的事。但是,两个月以后,老人又回到村庄,告诉村民,野猪已经被他关在山顶的围栏里了。

他向居民解释他是怎样捕捉那些猪的。

他说:"我做的第一件事,就是去找野猪经常出来吃东西的地方,然后就在空地中间放少许谷粒作为诱饵。那些猪起初吓了一跳,最后,还是好奇地跑来,一头老野猪尝了一口,其他猪也跟着吃,这时我就知道能捕到它们了。第二天,我又多加了一点谷粒,并在几尺远的地方树起一块木板。那块木板像幽灵一样,暂时吓退了它们,但是谷粒很有吸引力,所以

## 细节决定成败

不久以后,它们又回来吃了。当时野猪并不知道,它们已经是我的猎物了。此后,我要做的是每天在谷粒旁边多树立几块木板而已,直到我的陷阱完成为止。每次我加几块木板时,它们就会远离一阵子,但最后都会再来吃。围栏做好了,陷阱的门也准备好了,不劳而获的习惯使它们毫无顾忌地走进围栏。就这样,它们成了我的猎物。"

美国作家艾伦·拉肯说:"计划就是把未来拉到现在,所以你可以在现在做一些事来准备未来。"当你决定了奋斗的方向,知道自己真正要什么之后,接下来就要回到现实,为你的目标作准备,对于行动的每一步都做好准备。

现代企业中的职业人,每天要处理大量的工作,而要让自己处理起这些工作游刃有余,不成为工作的奴隶,那他就必须保证每一步工作的正确性,而要保证做到这一点的方法就是有计划地一步一步地去工作,并为自己的每一步都做好准备。

只有为自己的每一步工作都做好准备,你才能使事情按你预定的轨道发展,并在问题或者危机出现之前就可以消灭它。你的充足准备可以让你从容应对各种意外的出现,而不至于影响最终的结果。

所以,你必须首先制定一份详尽的计划,确定每一步应该怎么做,并且为每一步计划的顺利开展做足准备工作,这样才能保证计划落实到位,并向着目标一步步靠近。

但是,我们在执行计划时常常难免被各种琐事、杂事所纠缠。有很多人因为没有掌握高效能的准备方法,而被一些琐事弄得筋疲力尽,心烦意乱,总是不能静下心来去做最该做的事,或者是被那些看似急迫的事所蒙蔽,根本就不知道最应该做的事是什么。结果白白浪费了时间和精力,致使执行效率不高,效果不显著。

伯利恒钢铁公司总裁查理斯·舒瓦普向效率专家艾维·利请教"如何更好地执行计划"的方法。

## 第五章 伟大源于细节的积累

请在这张纸上写出你明天要做的六件最重要的事。

艾维·利声称可以在10分钟内就给舒瓦普一样东西，这东西能把他公司的业绩提高50%，然后他递给舒瓦普一张白纸，说："请在这张纸上写出你明天要做的六件最重要的事。"

舒瓦普用了5分钟写完。

艾维·利接着说："现在用数字标明每件事情对于你和你的公司的重要性次序。"

这又花了5分钟。

艾维·利说："好了，把这张纸放进口袋，明天早上第一件事是把纸条拿出来，做第一件最重要的事。不要看其他的，只是第一件。着手办第一件事，直至完成为止。然后用同样的方法对待第二件、第三件……直到你下班为止。如果只做完第一件事，那不要紧，你总是在做最重要的事情。"

艾维·利最后说："每一天都要这样做。您刚才看见了，只用10分钟时间。你对这种方法的价值深信不疑之后，叫你公司的人也这样干。这个试验你爱做多久就做多久，然后给我寄支票来，你认为值多少钱就给我多少。"

147

## 细节决定成败

一个月之后,舒瓦普给艾维·利寄去一张 25 万美元的支票,还有一封信。信上说,那是他一生中最有价值的一课。

5 年之后,这个当年不为人知的小钢铁厂一跃成为世界上最大的独立钢铁厂。

这个例子可能给了我们很好的启示:在你开始每天、每周、每月甚至每年的工作之前,一定要清楚在这期间你要做的最重要的事是什么,并把它清清楚楚地罗列出来。这样的准备工作才是最有效的。

德国伟大的思想家歌德说过:"匆忙出门,慌忙上马,只能一事无成。"就是在强调做事之前一定要有计划,一定要做好准备,不能鲁莽行事。高尔基说:"不知道明天干什么的人是不幸的。"所以说,你不仅要树立远大的理想,还要制定科学的计划,并把计划中的每一步都准备好,然后一步一步地去完成。当你把最后一步付诸实践并最终完成时,就会发现,你所制定的目标其实是很容易实现的。

千万不要小看这每一步的细小的准备,有时可能就是因为这个细小的准备不充分,而使整个行动全盘皆输,这种细小的准备绝不是多余的。其实,准备就是我们成功的垫脚石,我们要做的只是踩着它往上走而已。所以,让准备成为一种习惯吧,它会使你受益无穷。

## 08　先做小事,后成大事

有时候,把握好一件小事,一个细节,可以收获一笔财富;相反,一件小事、一个细节上的疏忽,足以葬送一个人一生的幸福。

不知道你是否注意到,在我们的生活中,有一些事情,即使看起来很小,但却会在我们的感情深处深深地打上烙印;而一些所谓的大事,尽管当时轰轰烈烈，对我们的刺激很强烈，但过后却在我们的心灵上留不下一点点的痕迹。

其实，这其中的道理很简单，那些事情虽然很小，但它给予我们心灵的抚慰却是长远的，犹如涓涓细流，滋润着大地上的禾苗。

有时候，把握好一件小事、一个细节，可以收获一笔财富；相反，一件小事、一个细节上的疏忽，足以葬送一个人一生的幸福。做小事是一种做事的方法，更是一种人生的态度，不会做小事的人肯定做不成大事。所以我们要成大事，就应该从小事做起，注重细节，既胸怀大志，又脚踏实地，在做小事中历练自己。

在英国，爱特·威廉是一个闻名全国的大商人，创业初期，他曾一次又一次的得到别人的馈赠，这个听起来有点匪夷所思，但威廉确实是这样的。

20岁的时候，威廉整日守在河边打鱼，毫无迹象显示他的未来会有辉煌的成就。一天，有个过河人不慎将戒指掉进河里，他求助威廉下河帮他摸一摸。威廉毫不犹豫去做了。反反复复，一无所获。威廉找来村里所有男人帮着下河打捞。过河人犯难了，那么多人帮忙，那得付多少酬劳。但是威廉决不提报酬事，他没有计较打捞的成本，只是考虑解决难题。后来，这位过河人又一次路过河边，这时河里已经没有多少鱼可以打了，过河人给了威廉打气补胎的活儿，这是威廉第一次收受馈赠，有了一份修车的生计。

修车的威廉也是经常帮助别人，一次，一辆小车停在威廉的小店，他需要一枚特别的螺丝钉，否则车就无法启动，威廉翻遍小店没有找到那种螺丝钉，他骑上自行车，赶了六七里路，在另一家小店找到了这枚螺丝，当他满头大汗赶回来并帮助安装这个螺丝后，车主拿出10英镑酬谢他，威廉没有收，他说这枚螺丝是在箱底找到的，没有成本。这件事让车主十分感动，不久车主送给威廉一家五金店让他代理，并告诉威廉，在这个世界

## 细节决定成败

上，威廉是他遇到的最诚恳、最值得信任、最无私、也是最可爱的人。

如今，威廉是英国最大的机械制造商，问起他的发家，他总是说，他的一生多半是别人赠送的。

从威廉的经历中，我们要说，不要瞧不起生活中的一些细小的事情，有许许多多成功的范例，都是由现实生活中小事所触发而产生了灵感。即使是一个微不足道的动作，或许就会改变一个人的一生。

几乎所有初入职场的人，不管是在哪个领域，进入什么样的企业，从事什么样的工作，都会经历一段或长或短的做小事的磨炼期。或许你可能很优秀，但也有可能先被派去做一些琐碎的小事，身处阴暗的角落，甚至还经常遭受委屈、批评和责骂。这段时期，正是考验一个人的关键时期，那些心高气傲、不能认真踏实地把小事做好的人可能就是在这段时期很快被淘汰。

我们可以留意一下自己和身边的新员工，看看他们是否在为琐碎小事和自认为无聊的工作而应付了事，是否认为上班是一件苦差事。其实，企业正是用这些小事情来不断地考验和提升我们。只有在这些看似简单其实复杂的"考题"中顺利通过,我们才会不断得分,最终迎来职场生涯的辉煌。

如果你真的想要成功,就一定要克服志大才疏、眼高手低、好高骛远的坏毛病,从身边的每一件小事做起。每一个所谓的"大事业"都是由许多小事构成的,每一个"大事业"也都是从小事做起的。如果你真的想要成功,就千万别看不起身边的小事,一定要摆正心态从身边的小事做起。

其实,人生价值观是多种多样的,它对人起了自我意识、自我评价、自我体验和自我调控的作用。无论你选择了什么样的标准,只要你的目的是明确的,就应该积极去实践,从小事情做起,从自己的身边事情做起,不羡慕达官贵人,不企求一夜暴富,踏踏实实,围绕自己的目标奋斗,你一样可以实现自己的价值,一样可以度过有意义的人生。

# 第六章

## 领导要对细节有无限的爱

必须学会观察细节,不能忽视一些你认为不重要的事,事物都是有联系的,而你的成败,往往就由这些毫不起眼的事情决定。对于一个领导者而言,熟知细节也是最佳的训练,尤其是面对紧急、影响重大的事情,这些知识更是管用。

细节决定成败

# 01 不要轻易对下属承诺

领导在激励员工时，切莫随意开出空头支票，要许诺，就要兑现，否则还不如不许诺。

在现代企业中，经常会出现这样的现象：有些领导需要下属的帮助或者在心情大好时，便轻易地对下属承诺一些事情，但很快，承诺被忘在脑后，最后不了了之，这就是所谓的领导给下属开的空头支票。

有的人为了晋升，可能会给支持自己的手下一些承诺，就像外国人竞选总统一样，一旦当上了总统就要履行诺言，不能让自己的支持者和利益集团失望，否则，总统的日子就不好过了。一般来说，当上了总统，就有了足够的权力实现诺言，比如美国总统，所以，选民也不会太担心总统实际的施政方针太离谱。可是，如果你只是为了竞争一个部门经理，那建议你不要试图给下属太多承诺，特别是利益方面的，因为，有些事并不是你一个人就能决定的。如果你做不到，反而会让人觉得你没信用，甚至落下笑话。

古时，某宰相请一个理发师理发。理发师给宰相修到一半时，也许是过分紧张，不小心把宰相的眉毛给刮掉了。哎呀，不得了了！理发师顿时惊恐万分，深知宰相必然会怪罪下来，那可吃不了兜着走呀！

理发师是个常在江湖上行走的人，深知人之一般心理：盛赞之下无怒不消。他情急智生，连忙停下剃刀，故意两眼直愣愣地看着宰相的肚皮，仿佛要把宰相的五脏六腑看个透似的。

宰相见他这模样，莫名其妙，迷惑不解地问道："你不修面，却光看我的肚皮，这是为什么呢？"

## 第六章 领导要对细节有无限的爱

理发师装出一副傻乎乎的样子解释说:"人们常说,宰相肚里能撑船,我看大人的肚皮并不大,怎么能撑船呢?"宰相一听理发师这么说,哈哈大笑:"那是宰相的气量最大,对一些小事情,都能容忍,从不计较的。"

小的该死,方才修面时不小心将相爷的眉毛刮掉了!相爷气量大,请千万恕罪。

理发师听到这话,"扑通"一声跪在地上,声泪俱下地说:"小的该死,方才修面时不小心将相爷的眉毛刮掉了!相爷气量大,请千万恕罪。"

宰相一听,心想,眉毛给刮掉了,叫我今后怎么见人呢?不禁怒从心中来,正要发作,但又冷静一想:自己刚讲过宰相气量最大,怎能为这等小事给他治罪呢?

于是,宰相豁达温和地说:"无妨,且去把笔拿来,把眉毛画上就是了。"

作为上司也是一样,有宽容之心的确值得钦佩。但当你的下属犯了不可弥补的大错,实在难辞其咎时,你还能纵容、庇护他吗?

所以,上司绝不能在事情尚未完全确定之前,对下属轻易做出任何承诺!一个不能实现的承诺对失望者来说是一大蹂躏,这是上司绝不能犯的过错。

上司一定不能轻易许诺,更不可沽名钓誉让人有机可乘。经常看到有的上司，习惯乘兴轻许诺言，拍着下属的肩膀说："小张啊，现在辛苦一点，将来会给你安排更好的位子的。"下属等了好几年，也没等到这一天，他失望的情绪一旦爆发，可能会对你不利。所以，这种空口承诺本身就很不负责任，上司不要轻许，下属也不必当真。

人人都有思维，员工对于领导开出的空头支票，嘴上虽然说不出什么来，可是在心里会产生积怨，时间长了，就会失去对领导的信任，一旦没有了信任，可想而知，今后的工作将很难顺利进行，员工也会大大降低工作的积极性，认为跟着这样的领导不会有什么好的前途。

所以说，领导在激励员工时，切莫随意开出空头支票，要许诺，就要兑现，否则还不如不许诺。领导在激励员工时，首先要检点自己的行为，一定要做到言必信，行必果，才能产生好的效果，得到下属的信任，是激励员工的基础，失去了这个基础，你所使用的激励手段再完美也会如同空中楼阁一样，摇摇欲坠。

承诺了，不是尽量做到，而是一定做到。上司给了许多人承诺，肯定不希望最后会让那些等待的人失望，所以一定要去实现那些许下的承诺。

## 02　尊重下属的时间

每一位领导者都应该尊重员工的时间，而员工也会在你为他们创造的宽松的环境中尽快完成工作，而且工作效率也会提高。

在许多公司里，下班后许多员工都没有很快离开，有些人即使下班后没有事做也要在办公室里多留一会儿。如果自己一天的工作没有完成是应该留下来做完，但没有事情也留在办公室里，表现出一种以公司为家的样子，可能和老板的喜好有关。

## 第六章 领导要对细节有无限的爱

如果你身为上司，就有机会被下属视为妨碍他们有效运用时间的绊脚石。"被老板打断""老板强加的额外工作""老板犹豫不决"等都是经常听到的与时间运用困扰有关的话题。你的下属或许因为太客气或太害羞而没坦白地告诉你，但事实上，你的确给他们带来了时间运用上的困扰。

老板都希望自己的下属加班，希望员工晚上带工作回家做，还希望员工可以为了工作牺牲家庭，甚至希望员工能将工作视为生命的重心。但是，大部分员工都希望在上班时能够享受工作，有高度的工作效率及贡献，能力受到肯定，得到应得的薪水；而下班之后他们也可以暂时忘掉工作，享受家庭的温馨，与三五好友聊天，参与某些活动，他们不希望一天24小时都挂念着工作。

一旦工作与员工的休息时间发生冲突，作为领导的你必须谦虚一点，向下属表明你知道有时候他们的工作比你的工作紧急，所以万一有冲突时他们必须自己做判断，或者与你商讨一下情况，而不是一味地将上司交代下来的工作优先处理。

要主动鼓励下属考虑时间运用的问题，并且当他们认为你交代的工

## 细节决定成败

作是浪费时间或毫无用处时,要向你反映。

此外,必须要求下属有个工作时间表,但先决条件是你也须依照工作时间表行事,否则下属会认为你自认无所不知、无所不能而心怀不满。事实上,你的确比下属更需要有效掌握时间的技巧,由于身份和地位的关系,你的成败影响也较大。而且,你的地位愈高,可浪费的时间愈少,因为许多决策者和时间因素息息相关。

要让下属常为如何协助上司着想。让他们了解你知道他们所做的一切对你在控制时间上有多大的影响,并且尊重他们的时间,好让他们也能尊重你的时间。

每一位领导者都应该尊重员工的时间,在下班后要求员工工作上的事项尽可能避免。员工自然不会找借口拖延时间,也同样在你为他们创造的宽松的环境中尽快完成工作,而且工作效率也会提高。

## 03　不让你的下属瞎忙活

优先保证最重要的事的时间,就能优先保证做好最重要的工作,从而能够从大局上控制时间的价值。

传教士赫伯·杰克逊被派到一个小镇任职,当地人给他配了一辆旧车。这辆车子有点毛病——停车后很难再次启动起来。杰克逊绞尽脑汁,终于想出一个妙招。头一次启动这辆车时,他到家附近的一所学校求救。经过校长的同意,他领了一大帮学生帮他推车以启动车子。车子开动后,每当停车时他就尽量把它停在斜坡上,以便重新发动,或干脆不熄火。整整两年时间,杰克逊始终用这套土办法来启动车子。

后来由于健康原因,杰克逊要离开此地,他把那辆旧车转交给了新来

的传教士。杰克逊自豪地向后者传授启动车子的独家办法。新来的传教士边听他说边打开车盖,仔细察看起来。他用力拧了拧一根发动机连线,随后坐到驾驶座上。让杰克逊感到惊讶的是,随着发动机的一声轰鸣,汽车竟然在平地缓缓开动起来。

新来的传教士解释说:"只是一根连线松了,稍微紧紧就好了。其实不必这样大动干戈,主要是你没找到问题所在。"

西班牙智慧大师巴尔塔沙·葛拉西安说:"做任何事情都不要太匆忙,忙乱中容易出差错;也不要太轻率大意,不要急于表态或发表意见。"但是,在工作和生活中,这种现象非常普遍。在公司,我们经常会听到许多人发出这样的抱怨:工作太忙了、人手不够、效率太低了……作为管理者,他们乐于见到下属忙碌;作为员工,如果不忙于各种各样的工作,则会潜意识地觉得什么地方出了问题。

但是,作为现代职场中的我们却需要更新一个观念:作为领导者,别让你的下属瞎忙。这是因为,如果所有人都习惯于忙碌,就可能忘记了一件最重要的事——工作价值判断,许多人投入大量时间精力的可能是所谓的"垃圾工作",尽管所有的人都忙得焦头烂额,但却没有多少实质性的收获。

忙于琐事往往会影响重要工作的进展。有些人会觉得越忙越好,但

## 细节决定成败

是忙着琐碎的事和忙着正事，这中间有很大的差别。即使是花同样的时间工作，其一分一秒的价值却完全不同。

从个人角度看时间管理，最关键的是3个问题：什么事是必须做的？如何看待他人的作用？如何统筹规划出整块的时间？从组织层面看时间管理，最关键的则是"工作价值判断"——投入时间与精力所做的工作有没有价值？这种判断是必须要做的，因为在绝大部分情况下工作量和工作的价值并不匹配，无价值的工作会带来巨大的浪费。

为什么一个异常忙碌、不断地去做各种事情的领导不应获得升迁？因为他缺乏工作价值判断能力，不能判断什么事情对企业是有价值的，他可能只是努力地找各种事情来填满他和他的部属的工作时间。他的职位越高，影响就越广，可能负面影响就越大。从整个组织到下属个人，都可能因缺乏工作价值判断，而存在做着大量无价值工作，这也就是所谓的"垃圾工作"的情况。

比尔·盖茨认为，那些善于管理时间的人，不管做什么事情时，首先都用分清主次的办法来统筹时间，把时间用在最有"生产力"的地方。

时间管理的精髓即在于：有主次之分，设定优先顺序。即把要做的事情分成等级和类别，先做最重要的事，再做次要的事。优先保证最重要的事的时间，就能优先保证做好最重要的工作，从而能够从大局上控制时间的价值。

一般来说，我们可以根据重要性来确定做事的优先次序，而以紧急性作为次要但也是重要的考虑因素。英明的领导者都清楚工作的重要性与紧急性的辩证关系，有些工作重要且紧急，有些工作紧急却不重要。按照日程安排，领导会将当天的工作按照轻重缓急进行分类。不仅是领导，每一位员工也要这样做，将自己一天的工作按照某个标准进行安排，避免做"垃圾工作"。

在把标有记号的工作项目编了优先次序之后，同样地把比较不重要的事项编上优先次序,然后就努力按照次序去做。有了这样一个工作计划,无论是员工还是领导者,一天的"产量"将会提示你做完了一件重要的工作之后,再按优先次序做下一件工作。

在一个企业中,如果每个员工都100%的忙碌,这个企业的效率一定不高。以3个人按顺序完成工作为例,只有每个人桌面上都必须积累一定的待办工作,他们才能100%忙碌,也就是每件工作进入下一流程时都要在待办工作里耽搁一会儿。如果每个员工都不那么忙,才能接到工作就做,每个工作整体上才能以最短的时间完成。每个人都稍微降低了一点效率,带来的却可能是整个组织效率的下降。

## 04　说话要温柔一些

*企业管理者必须真心实意地关心爱护员工,尊重员工,不伤害员工的感情,全体员工才能一心一意地为企业效力。*

俗话说:没有规矩不成方圆。也就是说,做事情要有一定的规范和准则来约束,否则就会方寸大乱。在管理方面,这句话同样适用。但是,严格管理并不意味着对企业员工不尊重,不等于不讲情面。人都是有感情,要脸面的。一个人的感情受到了伤害,要比他身体受到伤害更难治愈。伤害了一个人的感情,就永远失去了一个朋友或是一个人才。

美国国际农机商用公司的老板西洛斯·梅考斯是一个坚持原则的人,如果有人违反了公司的制度,他会毫不犹豫地按章处罚;但他同样能够体贴员工的疾苦,设身处地的为员工着想。有一次,一位老工人迟到,而且喝醉了酒,梅考斯知道后,会同有关部门最后开除了这名工人。当他了解了实际情况后,及时采取了补救措施。

## 细节决定成败

原来,这位工人的妻子刚刚去世,留下了两个孩子,一个不小心摔断了腿,一个太小而成天哭闹,这位工人在极度痛苦中不能自拔,借酒消愁,结果误了上班。梅考斯知道情况后,当即掏出一大笔钱救济金,同时继续执行开除的命令,以维持公司的纪律,又将这位工人安排到自己的一家牧场当管家。这样做既保障了工人的生活,也赢得了公司其他职工的心。

人是公司得以存在的支柱,人不是机器,人是有感情的。所以,企业的管理者应该时刻为员工着想。不管是古代还是现代,明智的领导者不但纪律严明,而且尊重下属,不做伤害人感情的事。

曹彬是北宋开国名臣,为北宋统一南方立下了大功。他为人廉洁恭谨、宽厚仁和、尊重下属,特别是对属下体贴入微,善于以情治军。

曹彬镇守徐州时,属下有一名小军官犯了军纪,按律应该判罚杖责。可是行刑部门将案子报到曹彬那里,却石沉大海,音讯皆无。负责行刑的人催问了几次,曹彬也不回复。有人提出非议,曹彬也不理睬。就这样一直拖了一年多,下属都以为他已经把这件事忘了,也就不再提了。但突然有一天，曹彬把那个案子批回去了，要求按律行刑结案。事后众人不明白他的意思，问他为什么拖了一年多。曹彬笑着问："此人是什么时候结的婚？"属下听了大惑不解：这与他结婚有什么关系啊？曹彬见属下不理解，笑着解释说："去年判刑时，此人正新婚燕尔，如果受了杖责，不仅本人疼痛难忍，新媳妇也要跟着受牵连，岂不委屈。我有意暂缓刑期，既可以严格执法，又体恤人情，有何不好啊？"属下听后无不为他宽厚待人，体贴入微而感动。受刑人更是感恩戴德，表示今后一定要誓死效力于曹彬。

曹彬以情治军，效果是非常显著的。不过曹彬也不是单纯靠以情治军，他的军纪还是非常严厉的。恩威并重、严爱结合是一把治政治军的双刃剑，也是治企的双刃剑。企业的领导者千万不要忘了，在严厉的后面怀有一片爱心。

一个将军要以情待兵，一个企业领导者也要以情待员工。企业管理者必须真心实意地关心爱护员工，全体员工才能一心一意。但在关爱的同时要进行管理，不能过于厚爱，要制度严明，"军以赏为表，以罚为里，赏罚明，则军威行。"这样才能更好地任用人才，企业运行才能有条不紊。领导者要学会正确运用"视卒如子"的谋略，才能增强企业的凝聚力，发挥员工的积极性。

# 第七章
## 美好的生活从细节开始

生活中充满了细节,但人们对绝大多数细节似乎视而不见,也许你早已习惯了这些细节。可是,就是这些习以为常的细节、非常偶然的细节会帮助我们或者伤害我们。要想生活得美好,一定要从关注细节开始。

细节决定成败

## 01　每天清晨向你周围的人说声"早上好"

早上问声"早上好",是一天工作情绪的好的开始,是精神充实的保证,更是形成良好人际关系、给人留下好印象的要素。

清晨,曙光熹微,朝霞满天,预示着新的一天的到来。

不管你昨天有多累,在今天起床之后,在这新的一天里,都要精神抖擞地向你周围的人问声"早上好"!尤其要向你的老板和同事问声"早上好"!

也许你认为说早安是很简单的事,或者没有这个必要。有些人向人道早安时连身边的人都听不到,有些人蜻蜓点水一带而过;有些人则极不情愿,毫无感情色彩,就像例行公事一般;有些人看一眼别人便一声不响地坐下。

问好是一个严肃的行为,问声"早上好"就是打破从昨天下班之后到今天早上一直处于停顿状态的同事关系,重新开始新的一天的人际关系,所以,必须要重视。

你与周围的人互道早安,特别是对老板和同事道早安,就如同工作场所中的上班铃声一般,也像你上班签了到一样。从这一句"早上好"开始,表示新的一天开始了。

你如果希望在新的一天当中,自己的人际关系更加向前迈进一步,无论如何都要清新、明朗地和周围的人道声"早安"!

有这样一个小故事,说明了"早上好"的作用。

在去芝加哥上班的路上,一车的人谁也没有讲话,大家躲在自己的报纸后面,彼此保持着距离。

汽车在树木光秃、融雪积水的泥泞路上前进。

"注意！注意！"突然一个声音响起,"我是你们的司机"。他的声音威严,车内鸦雀无声。

"你们全都把报纸放下。"

"现在转过头去面对着坐在你身边的人。转啊！"

全都照做,无一人露出笑容,这是一种从众的本能。

"现在,跟着我说……"是一道用军队教官的语气喊出的命令,"早安,朋友！"

大家跟着说完,情不自禁地笑了笑。

一直以来怕难为情,连普通的礼貌也不讲,现在腼腆之情一扫而光,彼此界限消除了。有的又说了一遍"早安,朋友"后彼此握手、大笑,车厢内洋溢着笑语欢声……

"早安,朋友！"四个字一出口,奇迹出现了:彼此的界限消除了,为什么这四个字有如此巨大的魔力呢?

"早上好！"是一句问候语,是亲善感、友好感的表示,更是一种信任和尊重。"早上好"三个字一旦说出口,双方都有了亲切、友好的愿望,缩短了彼此之间的距离,不仅增进了信任,还会使关系更加融洽。

一句轻松愉快的"早上好",等于向你周围的人宣布:"昨天是昨天,今天是今天,昨天已经过去,今天又是愉快的一天。"

如果早晨上班时对上司和同事精神饱满地说"早上好",可以让上司和同事对你保持着"这家伙今天还是干劲十足"的好印象。很多员工缺少与老板、上司沟通的机会,一句"早上好"就可以拉近彼此的距离,能达到相互沟通的良好效果。从"早上好"这三个字中,上司可以增进对你的理解,加深对你的好印象。早上的印象会左右一天的印象,甚至左右一个人一生的印象。

而说"早上好"的对象,既包括与你关系不错的人,也包括与你一向不甚和睦的人,甚至包括在街上与你擦肩而过的陌生人。

每天早上用开朗明快的声音打招呼道早安,会让人的心情愉快,不管是对谁都一样。

早上问声"早上好",是一天好的工作情绪的开始,是精神充实的保证,更是构成良好人际关系、给人留下好印象的要素。

一个早上与周围的人连一句"早上好"都不说的人,往往会被人认为太高傲,看不起人,独来独往,我行我素,无精打采,从而令人产生不好的印象,甚至产生一种厌恶的心理。本来打算和你成为好朋友的人,现在却认为你是个难于交往的人,于是停止了想与你进一步交往的想法。试想,一个连"早上好"都不会说的人,怎么会赢得好人缘呢?

## 02　说话时尽量常用"我们"

"我……"一开口就是"我",肯定是只顾自己不想别人的人。人们常

## 第七章　美好的生活从细节开始

常会在心里这样埋怨说话者。

"我"与"我们"只一字之差，但如果用起来，却大相径庭。小孩在做游戏时，常会说"我的""我要"等语，这是自我意识强烈的表现。在小孩子的世界里或许无关紧要，但有些成人也是如此，说话时仍然强调"我"、"我的"，这就会给人自我意识太强的坏印象，由此影响到正常的人际关系。

有位心理专家曾做过一项有趣的实验，他让同一个人分别扮演专制型和民主型两个不同角色的领导者，而后调查人们对这两类领导者的观感。结果发现，采用民主型方式的领导者，他们的团结意识最为强烈。而研究结果又指出，这些人当中使用"我们"这个名词的次数也最多。而专制型方式的领导者，是使用"我"字频率最高的人，也是不受欢迎的人。

实际生活也是如此，我们在听别人说话时，对方说"我""我认为……"带给我们的感受，将远不如他采用"我们……"的说法，因为采用"我们"这种说法，可以让人产生团结、亲切的意识，会觉得说话者是与我们站在同一个立场上的。

有这样一个故事：

甲、乙两个好朋友一起出去散步，在路上，他们不约而同地看到路中央的一锭金子。

甲赶紧跑过去，捡起那锭金子，对乙说："你看，我的运气真好，我捡了一锭金子。"说着，准备把金子独自放进自己的口袋。

这时，失主找来了，他不仅要回了金子，还诬告说甲偷了他的金子，要拉他去警察局。

甲有口难辩，很无辜地对乙说："这回我们可麻烦了。"

乙听后立即纠正他说："不是'我们'，你应该说'这回我可麻烦了'才对！"

人的心理是很奇妙的，说话时，"我"和"我们"，给人的感觉完全不同。在与人说话时，我们一定要注意这样的细节，多说"我们"，用"我们"

## 细节决定成败

作主语,因为善用"我们"来制造彼此间的共同意识,对促进我们的人际关系将会有很大的帮助。

"我"在英文里是最小的字母,千万别把它变成你语汇中最大的字。

真遗憾,你失去了你的所有员工。

一次聚会,有位先生在讲话的前3分钟内,一共用了36个"我",他不是说"我",就是说"我的",如"我的公司""我的花园"等等。随后一位熟人走上前去对他说:"真遗憾,你失去了你的所有员工。"

那个人怔了怔说:"我失去了所有员工?没有呀?他们都好好地在公司上班呢!"

"哦,难道你的这些员工与公司没有任何关系吗?"

亨利·福特二世描述令人厌烦的行为时说:"一个满嘴'我'的人,一个独占'我'字、随时随地说'我'的人,是一个不受欢迎的人。"

在人际交往中,"我"字讲得太多并过分强调,会给对方突出自我、标榜自我的印象,这会在对方与你之间筑起一道防线,形成障碍,影响对方对你的认同以及你在对方心目中的印象。

因此，会说话的人，在与他人交谈时，总会避开"我"字，而用"我们"开头。下面的几点建议可供借鉴：

第一，尽量用"我们"代替"我"。很多情况下，你可以用"我们"一词代替"我"，这样可以缩短你和大家的心理距离，促进彼此之间的感情交流。例如："我建议，今天下午……"可以改成："今天下午，我们……好吗？"

第二，这样说话时，应用"我们"作为开头。在员工大会上，你想说："我最近做过一项调查，我发现40%的员工对公司有不满的情绪，我认为这些不满情绪……"如果你将上面这段话的三个"我"字转化成"我们"，效果就会大不一样。说"我"有时只能代表你一个人，而说"我们"代表的是公司，代表的是大家，你是与员工们一起的，员工们自然容易接受。

第三，非得用"我"字时，以平缓的语调淡化。不可避免地要讲到"我"时，你要做到语气平淡，既不把"我"读成重音，也不把语音拖长。同时，目光不要逼人，表情不要眉飞色舞，神态不要得意扬扬，你要把表述的重点放在事件的客观叙述上，不要突出做事的"我"，以免使听的人觉得你自认为高人一等，觉得你在吹嘘自己。

## 03　坚持在背后说别人的好话

学会在背后说别人的好话，会得到意想不到的收获，那些曾经在背后对你指指点点，甚至批评你的人，都将对你刮目相看。

《红楼梦》中有这样一个片段：史湘云、薛宝钗等姐妹都劝贾宝玉做官为宦，不要长期沉湎于温柔之乡，让贾宝玉大为反感，于是他对着史湘云和袭人说："林姑娘从来没有说过这些混账话！要是她说这些混账话，我早和她生分了。"凑巧这时黛玉正来到窗前，无意中听见贾宝玉说自己

## 细节决定成败

的好话，"不觉又惊又喜，又悲又叹"，结果宝黛两人感情大增，可见在背后说人的好话，是拉近和别人之间关系的最有效的方法。

喜欢听好话是人的一种天性。当来自社会、他人的赞美使其自尊心、荣誉感得到满足时，人们便会情不自禁地感到愉悦和鼓舞，并对说话者产生亲切感，这时彼此之间的心理距离就会因赞美而缩短、靠近，自然就为交际的成功创造了必要的条件。

在背后说一个人的好话比当面恭维说好话要好得多，你不用担心，你在背后说他的好话，很容易就会传到他的耳朵里。

假如你当着上司和同事的面说你上司的好话，你的同事们会说你是讨好上司，拍上司的马屁，而容易招致周围同事的轻蔑。另外，这种正面的歌功颂德，效果微乎其微，甚至有可能还会产生反面效果。你的上司脸上可能也挂不住，会说你不真诚。与其如此，倒不如在公司其他部门、上司不在场时，大力地"吹捧一番"，这些好话终有一天会传到上司的耳中的。

有一个员工，在与同事们午休闲谈时，顺便说了上司的几句好话："陈征这个人很不错，办事公正，对我的帮助尤其大，能为这样的人做事，真是一种幸运。"没想到这几句话很快就传到陈征的耳朵里去了，这免不了让陈征的心里有些欣慰和感激。而同时，这个员工的形象也上升了。连那些"传播者"在传达时，也顺带对这个员工夸赞了一番，这个人心胸开阔，人格不错。

如果有人告诉我们，某人在我们背后说了许多关于我们的好话，我们会不高兴吗？这种赞语，如果当着我们的面说给我们听，或许反而会使我们感到虚假，或者疑心他不是诚心的，为什么间接听来的，便觉得非常悦耳呢？那是因为让我们感觉"真诚"。

在背后说别人的好话，能极大地表现你的"胸怀"和"诚实"，有事半功倍的效用。比如，你夸奖上司体恤下属，善待员工，并且处事公平，从来

## 第七章 美好的生活从细节开始

不抢功。当这些话传到上司耳朵后,他可能就会朝着这样的方向发展。

如果别人了解了你对任何人都一样真诚时,对你的信赖就会日益增加。

在背后说别人的好话,会被人认为是发自内心、不带私人动机的。其好处除了能在更多的人的心目中树立良好的形象外,还能使被说者在听到别人"传播"过来的好话后,更感到这种赞扬的真实和诚意,从而在荣誉感得到满足的同时,增强上进心和对说好话者的信任感。

人总是喜欢听好听的话,即使明知对方讲的是奉承话,心里还是免不了会沾沾自喜,这是人性的弱点。换句话说,一个人受到别人的赞美,绝不会觉得厌恶,除非对方说得太离谱了。赞美是一种学问,其中奥妙无穷,但最有效的赞美则是在第三者面前赞美一个人。

因为当你直接赞美对方时,对方极可能以为那是应酬话、恭维话。若是通过第三者来传达,效果便截然不同了。此时,当事者必然认为那是认真的赞美,毫不虚伪,于是真诚接受,对你感激。如果这个人是你的下属,在深受感动之下,他会更加努力工作,以报答你的"知遇"之恩。

试想一下,如果有人告诉你,某某人在背后说了许多关于你的好话,你会不高兴吗?

台湾作家刘墉的《把话说到心窝里》有这么一段故事:

作为工人代表,老王决定去找总经理抗议。原因是他们经常加班,但上面连个慰问都没有,年终奖金也很少。

出发之前,老王义愤填膺地对同事说:"我要好好训训那自以为是的总经理。"

到了总经理办公室,老王告诉总经理秘书:"我是老王,约好的。"

"是的,是的。总经理在等你,不过不巧,有位同事临时有急件送进去,麻烦您稍等一下。"秘书客气地把老王带过会客室,请老王坐下,又堆上一脸笑,"您是喝咖啡还是喝茶?"

173

## 细节决定成败

老王表示他什么都不喝。

"总经理特别交代,如果您喝茶,一定要泡上好的'冻顶'。"秘书说。

"那就茶吧!"

不一会儿,秘书小姐端进连着托盘的盖碗茶,又送上一碟小点心:"您慢用,总经理马上出来。"

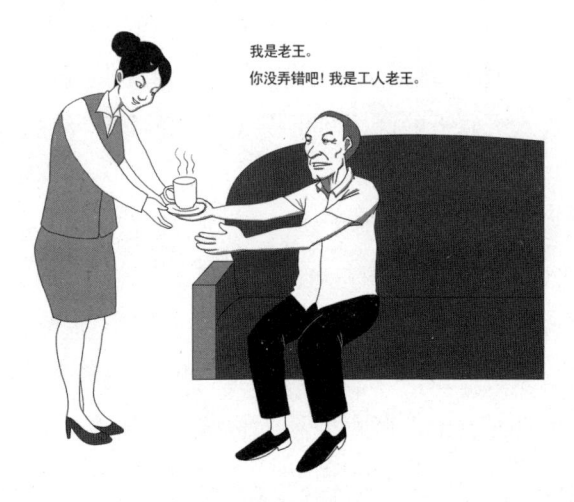

"我是老王。"老王接过茶,抬头盯着秘书小姐,"你没弄错吧!我是工人老王。"

"当然没弄错,您是公司的元老,老同事了,总经理常说你们最辛苦了,一般员工加班到9点,您却得忙到10点,心里实在过意不去。"

正说着,总经理已经大跨步地走出来,跟老王边握手边说:"听说您有急事?"

"也……也……也,其实也没什么,几位工友同事叫我来看看您……"

不知为什么,老王憋的那一肚子不吐不快的怨气,一下子全不见了。临走,还不断地对总经理说:"您辛苦、您辛苦,大家都辛苦,打扰了!"

老王的态度为什么会发生一百八十度的大转弯?其实,答案很简单。

总经理背着老王说老王的好话,大大出乎老王的意料。总经理的好话不仅表示了他的真诚与理解,也给了老王足够的面子。老王既感受到了被领导理解的欣慰,虚荣心也一下子得到了满足,自然对总经理心存感激,先前一肚子的怨气也自然烟消云散。

吉士斐尔说:"这种驭人术,是一种至高的技巧。在别人背后赞扬他,这个方法,在各种恭维的方法中,要算是最使人高兴,也最有效果的了。"

在你评价下属的工作时,当然更可以使用此法。例如让下属的顶头上司说句好话,或故意在下属的妻子和朋友面前赞美他,这些方法都能收到相当好的效果。

如果你想让对方感到愉悦,就更应该采取这种在背后说人好话的策略。这种方法不仅能使对方愉悦,更具有表现出真实感的优点。假如有一位陌生人对你说:"某某朋友经常对我说,你是位很了不起的人!"相信你感动的心情会油然而生。因为这种赞美比起一个魁梧的男人当面对你说"先生,我是你的崇拜者"更让人舒坦,更容易让人相信它的真实性。

## 04  不想因应酬伤害自己,就要注意分寸

应酬礼仪是每一个人都离不开的学问。其中,有很多细节需要我们仔细斟酌,认真把握,只有这样才能使我们的形象更加完美。

现代社会,交往是必不可少的,交往就离不开应酬。不管是在生活中还是在工作中,不管是私交还是生意上的合作伙伴,总避免不了各种各样的应酬。

现代人的应酬越来越多,参加各种宴会、晚会或者陪客人娱乐,受人邀请做嘉宾等。其中有很多应酬是必须参加的,不允许推掉。

## 细节决定成败

社交应酬是一门人情练达的学问,同时也是加强双方沟通、密切关系的桥梁。生活中不乏游刃有余、巧于应酬的高手。但仍旧还有一些人在应酬中,不注意应酬中的一些基本礼仪,不注意自己的言语或行为,不注意应酬中的一些细节,结果在不知不觉中伤害了自己。

有一个老板,与外商洽谈业务,同外商一起用过餐后,在会客室准备签合同。这时,这个老板因牙缝里有碎屑感觉到不舒服,用牙签剔起牙来,并随口把碎屑乱吐一番。这一切被外商看在眼里,本来就有些犹豫的外商,最终放弃了与这个老板的合作意向。事后外商说:一个企业的领导人这样不拘小节,我怀疑他是否能把企业管理好。就因为这样,一个不良的小动作影响了一笔大生意。

在应酬中,不注意小节,稍有失礼的地方可能就会引起对方的反感,给别人留下坏印象。

交际应酬,离不开酒。赴宴吃饭,吃喝应酬,是应酬中的主要内容。但是酒极则乱,言多必失。

有些人一端起酒杯,就忘乎所以。往往是酒过三巡,菜过五味,头脑发热,嘴巴便开始胡言乱语,甚至对人动手动脚,丑态百出,借酒装疯。

在一次宴会上,某人喝得晕乎乎的,为了表达对他的上司的曲折经历和能力的敬佩,他举起酒杯倡议说:"我提议大家共同为经理的成功干杯!总结经理的曲折历程,我得出一个结论:凡是成大事的人,必须具备三证!"

有人跟着起哄,大声问:"哪三证?"

那人提了提嗓门儿答道:"第一是大学毕业证;第二是监狱释放证;第三是老婆离婚证!"

话音刚落,众人哗然。不料经理却发起怒来,他把酒杯往地上一摔,指着那人骂道:"你这小子胡说八道,给我滚出去!"

原来这个经理,除了没有大学毕业证外,其他两证俱全。多喝了几

第七章 美好的生活从细节开始

杯,酒后失言,揭了上司的疮疤,自己害了自己。

喝酒应酬是免不了的,在酒席上或酒后都要忌言,不要乱说一通,言多必失,最终受害的肯定是自己。

俗话说醉酒误事,酒少喝一点,调节气氛也是无可厚非的,但要是喝醉之后丑态百出,那就有点说不过去了。有些人借酒壮胆,说了在一些平时不敢说的话,这些话,有时会伤害在座的人,有时会伤害不在座的人。这些醉话一旦传到别人的耳朵里,也会得罪人。如果你得罪的人是你的上司的话,那就有你好看的了。

应酬中喝酒,最好是少喝,不醉为妙,不乱说为妙,做到闭嘴不谈,那就不会有既伤害别人、又伤害自己的事情发生了。

## 05　服装语言的魅力

不要抱怨你长得不够美丽或帅气,要知道形象不是天生的,而是你精心塑造的结果。

## 细节决定成败

　　李小姐年初时跳槽到了一家规模相当大的日资企业，之前她在一家广告公司工作。春天来了，温暖的阳光普照大地，李小姐心情也很好，她脱掉了穿了一个冬天的灰暗衣服，穿上了一件低领小衫，一条颜色鲜艳的公主裙。她对自己今天的装扮很满意。但一进办公室，她的日本上司眼睛里就显出了诧异。她再看看办公室的同事们，一律的职业装，她想："日本人怎么那么刻板呀！"下班的时候，她的那个有些秃顶的上司走到他的面前，提醒她："李小姐，请注意您的身份。"

　　其实，李小姐也知道，不同的企业文化对员工的穿着打扮有不同的要求，但她觉得今天的穿着没有什么影响身份的，上司太小题大做了。她在原来的公司上班时，只要你有好的创意，好的设计，把自己的工作做好了，没人管你穿什么。如果一个男士天天西装革履，人家反而会认为他是一个怪物。

　　李小姐要按照自己的意愿装扮自己，但公司的环境又不允许，她又开始打算跳槽了……

　　一个人的衣着打扮代表着他的职业与品位，也代表着他对别人的尊重与否。这是一种有形的象征。作为职场中人，千万不可小看了服装的魅力。

　　服装不是一种没有生命的遮羞布。它不仅是布料、花色和缝线的组合，更是一种社会工具，它向社会中其他的成员传达出信息，像是在向其他人宣布：我是什么个性的人？我是不是有能力？我是不是重视工作？

　　现代社会中，服装更是一个人社会地位、经济状况、内在修养及气质的集中体现。

　　我们都知道，一个人的仪容仪表在人际交往中有着举足轻重的地位，而我们更是可以通过一个人的服饰语言了解他的个性、身份、涵养及其心理状态等多种信息，正如莎士比亚所说："服饰往往可以表现人格。"一个人穿戴什么样的服饰，直接关系到别人对其个人形象的评价。

比如,客户在与你打交道时,他自然会看你是什么职务,负责什么业务,拥有多大权力,这样他也好采取适当的策略。而与此同时,他也会非常关注你说话有没有分寸,办事有没有原则,是否讲礼貌,是否守时重诺,等等。这些都涉及一个人的习惯和修养。如果你衣着不整,邋里邋遢,他会觉得你缺少修养,就不会真正信任你,也不会做与你长期打交道的准备,更不会准备与你同舟共济,共同把事业做大。

衣着显示一个人的形象,而形象又暗示此人的身份。当人们不熟悉此人时,只能通过此人的衣着、仪容的暗示,猜测此人的身份。

中国有句老话,叫"包子有肉不在褶上"。意思是不要以人的外表评价人,换句话说就是不要以貌取人。可是,在现代职场上,千万不能忽视"以貌取人"的力量,这在经济学上是最节省成本、最行之有效的一种判断方式,在社会学上更有其非遵循不悖的法则。没有令人足够信服的外表,又如何吸引别人探究你的能力呢?

法国科学研究院的高级女院士居里夫人是一位平时不修边幅的女性,她认为搞她们这一行的形象并不重要,重要的是研究成果。

有一次,居里夫人应邀参加一场新闻发布会,内容是关于她们的研究在最近取得了重大突破。可是由于她全身心地投入在实验里,把参加发布会的事忘得一干二净,后来还是发布会组委会的电话使她想起了这件事。

于是,她匆匆忙忙地出门向发布会赶去,根本没有顾及自身形象。就在她赶到新闻发布会的大门口时,被保安拦住了。对方把她当成是流浪者,不管她怎么说都不让她进去。居里夫人焦急万分,她不顾一切地大喊起来。这才把里面的组织者引了出来。居里夫人连忙作了自我介绍,说她是来参加新闻发布会的博士。

居里夫人冲了进去,这时新闻发布会已经开始了。她不顾一切地拿起麦克风大声介绍起她们那个课题的研究情况来,可她发现下面的每一

## 细节决定成败

个人都用一种似是而非的眼光看着她,她并没在意,还是继续讲自己的课题。

听众见到一个蓬头散发、穿着邋遢的女人竟然如此放肆,顿时上上下下一片混乱。直到大会主席介绍,台下才慢慢地安静下来。

居里夫人环顾四周,发现大家都用一种有趣的眼光看着她,有点像在动物园里欣赏大猩猩。

居里夫人这才明白事情出现在自己身上。低头看了看自己,她终于明白大家哄笑的原因了,她的头发没有整理,乱得像个鸟窝,白衣服又脏又破。虽然居里夫人发誓要把个人的形象塑造好,可是她留给观众的印象是很难纠正的。

一个注重个人着装的人能体现仪表美,增加交际魅力,给人留下良好的印象,使人愿意与其深入交往,同时,注意着装也是每个事业成功者的基本素养。

那么,要想提升自己的形象和气质,如何才能为自己选择合适的服饰,以此衬托自己的仪表和形象呢?

第一,选择服饰要搭配得体,并展示个性。人们追求仪表美,就要注意服装的各个部分相互呼应,精心搭配,特别是要恪守服装本身及与鞋帽之间约定俗成的搭配,在整体上尽可能做到完美、和谐。同时,选择的服装要适应自身形体、年龄、职业的特点,扬长避短,并在此基础上创造和保持自己独有的风格,即在不违反礼仪规范的前提下,在某些方面可体现与众不同的个性,切勿盲目追逐时髦。

第二,所选服饰要与自己的社会角色相吻合。在社会生活中,每个人都扮演着不同的角色。如果忽略自己的社会角色而着装不当,很容易造成别人对你的错误判断,甚至会引来误解。无论你出现在哪里,无论你干什么,首先要弄明白自己扮演的角色,然后再考虑挑选一套适合于这个角色的服饰来装扮自己,这会增强自信,赢得他人好感。

第三,选择服饰要与场合相协调。无论穿戴多么亮丽,如果不考虑场合,也会被人耻笑。如果大家都穿便装,你却穿礼服就欠妥当。在正式的场合以及参加仪式时,要顾及传统和习惯,顺应各国一般的风俗。比如,身居家中,可以穿随意舒适的休闲服;办公上班,应身着端庄典雅的职业装;出席婚礼,服饰的色彩可鲜亮点,而参加吊唁活动,服饰则以凝重为宜。

第四,服饰的选择还要根据季节和地域来灵活掌握。比如北方的冬天要加上厚厚的外衣,而南方许多地方一年有大半时间要穿短袖,这就不一定刻意穿正装,主要是庄重大方,显示出职业人的风度为好。

另外,保持服饰的清洁与整齐也是非常重要的。服装并非一定要高档华贵,但须保持清洁,穿起来大方得体,显得精神焕发。整洁并不完全为了自己,更是尊重他人的需要。

一个人的形象是可以打造出来的,而一个人的气质则是通过一个人

细节决定成败

的形象和举手投足之间显示出来的。气质的获得,最重要的是要靠平日对自身良好品德的修炼,以及借读书提高文化素养。这样,加上衣着的凸显,就会形成一种魅力。

西方的服装设计大师认为:"服装不能造出完人,但是第一印象的80%来自着装。"在社交场上,良好的形象会帮助你获得成功的机会,所以,在人际交往的过程中,一定要研究着装的风格,注意细节的修饰。

## 06 人多的场合少说话

成功之人说话会把握分寸感,不管在什么场合都是落落大方,该说的时候,说得很充分,不该说的时候,一句话也不说。

中国古代就有许多教人不乱说话的典故,"三缄其口"便是其中之一。孔子到东周游历时,前往太庙参观,左边台阶前站立的铜人,被"三缄其口",即它的口被封了三层,背上刻着铭文,铭文上写道:"古之哉,戒之哉!无多言,多言多败;无多事,多事多患。安乐必戒,无行所悔。"意思是说人要慎言以免祸。孔子看了铭文,回头对他的弟子说:"记住了,这些话虽然质朴,但却合情合理。"

我们常说:"言多必失。"意思是说,如果一个人总是滔滔不绝地讲话,说得多了,话里就自然而然地会暴露出许多问题。

言多必失,祸从口出,特别是人多的场合,你一不小心,一旦失言,触动了别人的短处或隐私,无意之中就把别人得罪了。

在事业成功的过程中,一言一行都关系着个人的成败荣辱,所以言行不可不慎。

由于"言多必失"的教训很多,不少人将"三缄其口"作为处世的座

## 第七章 美好的生活从细节开始

右铭。

那些吃得开的人都懂得"言多必失"的道理，虽然表面看起来他们谈笑风生、无所不知的样子，但是一到了关键时刻，他们必定"三缄其口"，不乱说一句话。

有的人口齿伶俐，在交际场合口若悬河，滔滔不绝，这固然是不少人所向往的。但有的人讲话不分场合，比如批评人，虽然你心地坦诚，毫无恶意，但因为没考虑到场合，使被批评者下不了台，面子上过不去，一时难以接受。对方的自尊心被伤害，当然会对你有成见。所以在人多的场合尽量少讲话，并讲究"忌口"，否则，若因言行不慎而让别人下不了台，或把事情搞糟，那是最不合算的事。

我们要记住这样一个原则，在任何地方和场合，针对任何话题，我们都要做到说话有分寸。

第一，避免谈及别人的隐私和错处。很多人都喜欢刺探别人的隐私和错处，以满足自己的猎奇心理。作为他人，既然不愿把一些情况公之于众，自然不是什么好事，而你却把这些事抖出来，当事人知情后，必然迁怒于你。

在一次宴会上，某人在酒桌上向邻座的人讲起某校校长的秘密来，同时表现出对校长卑鄙行为大为不满，并大大地说了一堆攻击的话。

直到后来，邻座的那位太太问他说："先生，你知道我是谁吗？"

"还没有请教贵姓。"他回答说。

"我正是你说的那位校长的妻子。"

这位先生立时窘住了，场面非常尴尬。

这位太太很有教养，没有当面指责他，但这位先生口无遮拦不但伤了别人的颜面，也影响了自己在众人心目中的形象。

第二，不要伤害别人的自尊。在公众场合要重视对别人的尊重和说话的礼貌，否则一不注意分寸，就会伤害对方。

183

## 细节决定成败

在庆祝十月革命15周年的晚宴上，情绪极好的斯大林当着大家的面，对他的妻子娜佳喊道：

"喂，你也来喝一杯！"

如果这话是在家里说，是一句充满人情味的话，可是当着党政高级官员和外国代表的面，这话就显得不够庄重和得体，甚至可以说太随便了一点。偏偏娜佳是一位个性极强且年轻气盛的人，她从来就不认为自己是附属物。她听了此话，感到受到了羞辱，一时又未想到化解的方法和语言，于是就大喊一声：

"我不是你的什么'喂'！"

接着，她站起来，在所有宾客的惊愕中走出了会场。

第二天早晨，人们发现，时年22岁的娜佳已经躺在血泊中，手里握着"松牌"手枪。

一句话，断送了一条正值青春年华的生命，实在令人惋惜。如果斯大林注意场合和分寸，说一句"娜佳，请你也来喝一杯吧！"或许结局就会是另一种情形。

注意说话的场合,朋友之间、同事之间,甚至夫妻之间,都不能忽视说话的分寸。

第三,说话形式的选择要与场合相适应。一位湘籍著名歌星应邀到长沙做嘉宾,主持一个义演节目,只见她手持话筒,朗声说道:"那次在中央电视台举行青年歌手大奖赛,我给'娘屋里'的参赛选手打了最高分,下次'娘屋里'的伢子妹子到北京参赛,我还要给他们打最高分。"

这段话不无失体之嫌。若是在私下场合对"娘屋里"的人说说私情是很正常的,但这是在义演的严肃场合,说的又是严肃庄重的大奖赛评选打分的问题,如此的偏重于"情感"而疏于"理智"的话语,人们不禁会问:作为评委,其公正何在?这样的话显然与此时的场合以及自己主持人的身份不符。

不论什么时候,在公共场合,说话时都要注意说话的分寸。没有考虑周到的话,最好少说。

说话注意分寸,要做到慎言、忌口,适可而止。要注意说话的场合、地点和说话的对象,不要不管三七二十一,乱说一通。同时还要注意说话的内容和方式,做到该说的说,不该说的一个字也不说。

## 07　谈吐见品行

优雅的谈吐是交际中的必胜法宝,它能让你赢得赞赏,博得他人好感,甚至赢得他人的完全信任。

当今社会是一个充满挑战和竞争的社会。作为现代人最重要的能力之一,良好的谈吐在社会竞争中发挥着越来越重要的作用。良好的谈吐,是一个现代人必备的素质,是我们提高本领、开发潜能的有力武器,也是

## 细节决定成败

我们驾驭人生、改造人生、追求事业成功的无价之宝。

　　一个人的品行不是靠美丽的外表来表现,而是靠内在的涵养表现出来的。谈吐就是一个人表现自我品行的重要方面。有些人可能外表很靓丽,一旦与之交谈几句就会原形毕露;有的人虽然其貌不扬,但是谈吐间能体现他的气质不凡,修养很高。

　　在日常生活中,表达同样一个意思,在语言上却有美丑之分、文野之别。谈吐的目的是通过传递尊重、友善、平等的信息,给人以美的感受。良好的谈吐在于它不能使用侵犯他人的攻击性语言,而是通过文明、礼貌的语言建立起情感沟通的纽带。在使用轻松、诙谐、明快、幽默、委婉、庄严、赞美的语言所营造的自然、愉快、兴奋、亲切、可敬和舒畅的氛围中增进友谊。

　　优雅的谈吐是交际中的制胜法宝,它能让你赢得赞赏,博得他人好感,甚至赢得他人的完全信任。

　　1972年,尼克松总统访问苏联。有一次在苏联机场,飞机正准备起飞,一个引擎却突然失灵了。当时送行的苏共中央总书记勃列日涅夫十分着急、恼火,因为在外国政要面前出现这种事,是很丢面子的,何况还是处处跟自己较劲的美国。因此,他指着一旁站立的民航局长问尼克松总统:"我应该怎么处分他?"这样说无疑是给尼克松出了一道不大不小的难题,如果尼克松答得不妙,苏联人也可以借机让尼克松出点丑。"提升他,"尼克松很轻松地说,"因为在地面上发生故障,总比在空中发生故障好。"尼克松的话一出口,大家都笑了。这样的回答,既保全了面子,又消除了尴尬。

　　在总统的座机或者汽车身上发生故障,总统恼火发脾气是正常的,因为总统的身份已不属于个人,而是属于国家。即便是在这样重大的问题上,总统还是能凭借自身的修养,利用言辞来平和事态,不能不让人佩服其高超的处世技巧和做人艺术。

第七章 美好的生活从细节开始

因为在地面上发生故障,总比在空中发生故障好。

可见,谈吐不仅帮助人们传递信息,交流思想,而且也帮助人们增进了解、加深认识。常言道"言为心声",谈吐还能够反映一个人的内心世界,一个人的品德修养、文化水平及其个人志趣等。

真正有品行的人,谈吐间就能赢得大家的尊重,而那些言语庸俗无趣的人,只会招来人们的鄙夷和漠视。可见,优雅的谈吐在人际交往之中有着多么重要的作用,它能拉近人们的距离,让沟通变得容易亲切。那么,要想使自己的谈吐优雅得体,要注意以下几点:

第一,言辞要准确简洁。谈吐时要把意思准确无误地表达出来,做到吐字清晰,措辞准确,把握要领,注意简洁,切记啰嗦。

第二,与人谈话时态度要诚恳亲切。谈话中要给对方一个认真、和蔼、诚恳的感觉。因为说话时的态度是决定谈话成功与否的重要因素。谈话时交谈双方都互相观察注意着对方的表情、神态,反应极为敏感,稍有不慎就会使谈话不欢而散或陷入僵局。

细节决定成败

第三，要注意谈话的对象以及内容。谈话要有强烈的对象意识，话因人异，根据谈话对象的年龄、性别、职业、社会地位、文化知识水平及思想状况区别对待。而谈话的内容应该根据实际的情形而定。如果有明确的话题，谈话的内容就要相对集中；如果没有明确的话题，可以选择一些健康的、对方感兴趣的、令人愉悦的话题。

第四，注意谈吐的仪态。不论言者还是听者，交谈时双方必须保持精神的饱满；表情自然大方，和颜悦色。站立寒暄也好，坐着聊天也罢，两人均应目光温和，正视对方，以示尊重。

真正谈吐优雅的人是伪装不出来的，需要相当的积淀，没有一定的学识、品质和风度，很难做到这一点。因此说，一个人的品行是能从他的谈吐之中看出来的。

## 08　不要随便打断别人的说话

要在与人交际时获得好人缘，要想让别人喜欢你，接纳你，就必须根除随便打断别人说话的陋习，在别人说话时千万不要插嘴。

有一个老板正与几位客户谈生意，将近尾声的时候，老板的一位朋友来了。这位朋友很随意地就插进来了，说："哇，我刚才在大街上看了一个大热闹……"接着就大谈特谈起来。老板示意他不要说了，而他却说得津津有味。客户见谈生意的话题被打乱了，就对老板说："你先跟你的朋友谈吧，我们改天再来。"客户说完就走了。

老板的这位朋友乱插话，搅了老板的一笔大生意，让老板很是恼火，而这位朋友也在不经之意间破坏了自己的人际关系。

随便打断别人说话或中途插话，是有失礼貌的行为，但有些人存在着

188

## 第七章 美好的生活从细节开始

这样的陋习,总是在不经意间打断别人,乱插话,令人生厌。

假设一个人正讲得兴致勃勃,听众也满怀热情地聆听,这时,你突然插嘴:"喂,这是你在昨天看到的事吧?"

正讲话的这个人可能会因为你打断他说话而对你产生反感,很可能其他人也不会对你有好感。

那些不懂礼貌的人总是在别人津津有味地谈着某件事的时候,在说到高兴处时,冷不防地半路插话进来,让别人猝不及防,不得不偃旗息鼓而退。这种人不会预先告诉你,说他要插话了。他插话时绝不会管你说的是什么,便将话题转移到自己感兴趣的方面上,有时是把你的结论代为说出,以此得意扬扬地炫耀自己的光彩。无论是哪种情况,都会让说话的人顿生厌恶之感,因为随便打断别人说话的人根本就不知道尊重别人。

培根曾说:"打断别人、乱插话的人,甚至比发言冗长者更令人生厌。"打断别人说话是一种不礼貌的行为。

每个人都会有情不自禁地想表达自己的愿望,但如果不去了解别人的感受,不分场合与时机,就去打断别人说话或抢接别人的话头,这样会扰乱别人的思路,引起对方的不快,有时甚至会产生不必要的误会。

在商务宴会上,你时常可以看到你的一个朋友和另外一个不认识的人聊得起劲,此时,你可能就会有加进去的想法。

因为你不知道他们的话题是什么,而你突然生硬地加入,可能会令他们觉得不自然,也许话题可能会因此而结束。更糟的是,也许他们正在进行着一项重大的谈判,却由于你的加入使他们无法再集中思想而无意中失去了这笔交易;或许他们正在热烈讨论,苦苦思索解决一个难题,正当这个关键时刻,也许就由于你的插话,会导致对他们有利的解决办法告吹,进而导致场面的尴尬气氛,而无法收拾。

当你与上司交谈时,更不能自以为是地随便打断他说话,否则他肯定不会给你好脸色看。

## 细节决定成败

上司给你安排工作的时候,他会做出各项说明,通常他的话只是说明经过,或许结论并不是你想的那样。中途插嘴表示意见,除了让人家认为

闭嘴!听我把话说完!

你很轻率之外,也表示你蔑视上司。如果碰到性格暴躁的上司,恐怕就会大声地怒喝:"闭嘴!听我把话说完!"

要在与人交际时获得好人缘,要想让别人喜欢你,接纳你,就必须根除随便打断别人说话的陋习,在别人说话时千万不要插嘴,并做到:

不要用不相关的话题打断别人说话;

不要用无意义的评论打乱别人说话;

不要抢着替别人说话;

不要急于帮助别人讲完事情;

不要为争论鸡毛蒜皮的事情而打断别人的正题。

但是,如果对方与你说话的时间明显拖得过长,他的话不再吸引人,甚至令人昏昏欲睡,他说话的内容与你们要谈的主题越来越远,甚至已经引起大家的厌倦,你就不得不中断对方的话了。这时,你也要考虑选择适合的时机,同时也应照顾到对方的感受,避免给对方留下不愉快的印象。

虽然在别人讲话时自己插话进去是十分不礼貌的,但如果有必要表明你的意见,必须要打断他的讲话,那么你就必须要采取恰当的说话

技巧。

第一,当你要找交谈者中的某一个人处理事情时,可以先给他一些小的暗示,他一般看到后自然会停止他的谈话。但要注意的是,你不要静悄悄地站在他的身旁,好像在偷听一样。你可以先向他们打个招呼:"很对不起,打断你们一下。"当他们停止交谈时,即用尽可能简洁的语言说明来意,一旦事情处理完毕,立即离开现场。

如果你想加入他们的谈话,也要征得对方同意,礼貌地说:"对不起,我可以加入你们的谈话吗?"或者,"我插句话好吗?"这样可以避免对方产生误解。

第二,交谈过程中,如果你想补充另一方的谈话,或者联想到与谈话有关的情况,想即刻作点说明,这时,可以对讲话者说"请允许我补充一点",然后,说出自己的意见。这样的插话不宜过多,以免扰乱对方的思路,但适当有一点,可以活跃谈话的气氛。

第三,如果你不同意对方的看法,一般也不要轻易打断他的谈话。当对方在阐述他的观点时,你应该认真仔细聆听,记住哪些地方还需磋商,哪些关键地方还要完善。待对方说完后再作详细阐述。但不管分歧多大,决不能恶语伤人或出言不逊。即使发生了争吵,也不要斥责、讥讽或辱骂对方,最后还要友好地握手告别。

## 09　与人握手时,可多握一会儿

一般说来,握手往往表示友好,是一种交流,可以沟通原本隔膜的情感,可以加深双方的理解、信任,可以表示一方的尊敬、景仰、祝贺、鼓励,也能传达出一些人的淡漠、敷衍、逢迎、虚假、傲慢。

## 细节决定成败

握手,是交际的一部分。握手的力量、姿势与时间的长短往往能够表达出对对方的不同礼遇与态度,显露自己的个性,给人留下不同的印象。事实上,握手也是一种语言,是一种无声的动作语言。

握手是人们日常交际的基本礼仪,从握手可以体现一个人的情感和意向,显示一个人的虚伪或真诚。握手在人际交往中的作用不可忽视,可有些人往往做得并不太好。

有些人跟别人握手时显得很不真诚,做做样子,往往只轻握一下便松开,软绵绵地没有力气一般;或者漫不经心地用手指尖点一下,这样的做法都是不礼貌的。

有一个经理人说:"我不想和那个客户做生意,他是我见过的握手最无力的人,手冷冰冰的,我们每握一次手,我对他的信赖就减低一分,因为握手软弱无力的人缺乏活力,缺乏真诚。"

有些人跟人握手时,只不过是轻轻一碰就松开,而且是一面与人握手,一面斜视他处,这是极不尊重对方的表现。

弗洛伊德说:"任何人都无法保密,即使他们的双唇紧闭,他的指尖也会说话。"从与人握手这一点上,可以看出这个人是否饱含真诚。真诚的人握着你手的时候是暖暖的,他的真诚通过两只手热情地传递过来,让人对他产生一种真诚的信赖和好感。

与人握手时,握得较紧较久,可以显示出热烈和真诚来。记住:即使握手的奥秘你了然于胸,握手的技巧炉火纯青,但你也必须要用真心指导你的动作。别让你的指尖和手心流露出消极信息,而给握手带来消极的结果。

玛丽·凯·阿什是美国著名的企业家,她在退休后创办了一个化妆品公司。开业时,雇员仅仅10人,20年后发展成为拥有5000人,年销售额超过3亿美元的大公司。

玛丽·凯在其晚年为何能取得如此巨大的成就?她说,她是从懂得

## 第七章 美好的生活从细节开始

真诚握手开始的。

玛丽·凯在自己创业前，在一家公司当推销员。有一次，开了整整一天会之后，玛丽·凯排队等了3个小时，希望同销售经理握握手。可是销售经理同她握手时，手只与她的手碰了一下，连瞧都不瞧她一眼，这极大地伤害了她的自尊心，工作的热情再也调动不起来。当时她下定决心："如果有那么一天，有人排队等着同我握手，我将把注意力全部集中在站在我面前同我握手的人身上——不管我多么累！"

果然，从她创立公司的那一天开始，她不知道与多少人握过手，由于总是记住当年所受到的冷遇，所以她总是公正、友好、全神贯注地与每一个人握手，结果她的热情与真诚感动了每一个人，许多人因此心甘情愿地与之合作，于是她的事业蒸蒸日上。

今天，握手已经成为一种惯常的礼节，但它更是一门学问，需要我们每个人去研究。美国著名盲聋作家海伦·凯勒写道："我接触的手，虽然无言，却极有表现力。有的人握手能拒人千里。我握着他们冷冰冰的指尖，就像和凛冽的北风握手一样。也有些人的手充满阳光，他们握住你的手，使你感到温暖。"

在握手的一瞬间，对方对你的印象之门便打开了，所以，与人握手应注意以下避讳：

细节决定成败

第一,忌贸然出手。遇到上级、长者、贵宾、女士时,自己先伸出手是失礼的。

第二,忌目光游移。握手时精神不集中,四处顾盼,心不在焉。

第三,忌交叉握手。当两人正握手时,跑上去与正握手的人相握或打招呼。

第四,忌敷衍了事。握手时漫不经心地应付对方。

第五,忌该先伸手不伸手。

第六,忌出手时慢慢腾腾。对方伸出手后,我们自己出手要快,及时回应。

第七,忌握手时戴着手套或不戴手套与人握手后用手巾擦手。

## 10　出现在公共场合时要保持整洁

保持良好的形象是为了别人,更重要的是为了自己,使自己觉得处于最佳状态。

保罗·贝迪毕业于哈佛大学,是一个追求独特个性、胸怀抱负的年轻人。他崇拜比尔·盖茨和斯蒂芬·乔布斯这两个电脑奇才,并追随他们不拘一格的休闲穿衣风格,他相信人真正的才能不在外表而在大脑。于是,他不修边幅,以轻松舒适为最高原则。

然而,他的一次次面试却以失败而告终。直到最后一次,他与同班同学被某公司面试,他才认识到自己的差距。他的同学全副"武装":发型整洁、面容干净、西装革履,俨然是成功者的姿态。其他的应聘者也都是西服正装,看起来不但精明强干,而且气势压人。他那邋遢的形象与不修边幅的休闲装,显得格格不入,巨大的压力和相形见绌的感觉使他终于放弃了面试的机会。保罗·贝迪的自信和狂妄一时间全都消失了。他不得不面对一个现实：自己还不是比尔·盖茨。

人类都有以貌取人的弱点，你的外在形象直接影响着别人对你的印象。出入公共场合时，要特别注意自己的仪表，保持自身的整洁。

根据人际吸引的原则，一个人风度翩翩，俊逸潇洒，能吸引他人的注意力，产生使人与之乐于交往的魅力；不修边幅、肮脏、邋遢的人会给人留下很差的印象。

仪表可以反映出一个人的精神状态和礼仪素养，是人们交往中的"第一形象"。仪表不整洁是不礼貌的行为，也是对自己不尊重的表现。而一般人都是凭借你的仪表来评价你，通常第一印象是最重要不易改变的。

日本松下电器公司创始人松下幸之助在他的日记里曾记下了这么一件事：

有一段时间，因为事多忙得够呛，他很久没有理发洗澡刮胡子了，身上的衣服来不及换洗脏兮兮的。他去一家理发店理发，理发师忍不住客气地批评他太不重视自己的容貌和整洁了，理发师对他说："你是公司的代表，却这样不修边幅，邋遢不洁，别人会怎么想，他们肯定会认为，当老板的都这样随便，他公司的产品也不会好到哪儿去。"

这些话对松下很有启发。这位理发师的话很有道理：一个衣衫不整、邋邋遢遢、没有精神的人，是不可能赢得他人的好感和信任的，这等于在接触的一开始，你就为自己埋下了失败的种子。

有一位参加演讲的男士，他不太注意自己的形象，不修边幅，穿着一条宽宽松松的裤子，变了形的外衣，胡子和头发像乱草。

这个人的演讲本来很有水平，可他并没有赢得观众的掌声，因为他的形象影响了观众的印象：这位演讲者的思维跟他的外表一样，也是乱七八糟的。

一旦这种印象形成了，即使他以后再努力，即使他的演讲内容再好，

## 细节决定成败

也很难取得成功。

美国许多家大公司对所属雇员的装扮和外在形象都有严格的规定。这些规定不是指要穿得怎么好看,而是要符合人们观感的水准。在公共场合,一个人要保持仪表清洁应该注意以下几点事项:

鞋擦过了没有?

裤管有没有污痕?

衬衣的扣子扣好了没有?

刮胡须了没有?

梳好头发没有?

衣服是否干净整洁?

许多人听了这些可能不以为然,可事实上,这些小细节会给人留下深刻的印象,整洁的穿着总给人一种信赖感。

那么,怎样才能打造出良好的外在形象呢?

第一,头发应该清洁,梳理整齐,发型不要太怪。要适时理发,胡须经常打理,因为头发和胡须很乱或很长都是不礼貌的表现。

第二,指甲要注意修剪,不宜留得太长,还要注意修剪鼻毛,让鼻毛长出鼻孔也是一种不礼貌的表现。

第三,衣服要大方、整洁、合体,以便充分地反映朝气蓬勃和稳重的精神面貌。

第四,在穿衬衫时,领口和袖口的污迹最显眼,因此要注意保持干净。

第五,鞋子应先擦干净,不能沾满灰尘。

知名形象设计师鞠瑾女士认为,职场中一个人的工作能力是关键,但同时也需要注重自身形象的设计,特别是在求职、工作、会议、商务谈判等重要活动场合,形象好坏将在很大程度上决定你的成败。你的外在形象越好,将越易让人接受。保持一个良好的形象不仅是为了别人,更重要的是为了自己,使自己觉得处于最佳状态。

一个追求成功的人应该具有整洁的整体形象,任何细节的疏忽都可能会破坏你的整体形象,影响到别人对你的印象,这对你的成功是很不利的。

## 11　做错事要马上道歉

道歉不能怕碰钉子,衷心道歉不仅可以弥补感情上的裂痕,而且可以增进感情。

现实中,我们总想去接近某些人,与其建立良好的关系,但常常会因自己的言行失误而伤害了他人,刺伤了朋友。扪心自问,有哪几次你诚心地坦然表示歉意。我们做错事后应该马上道歉。道歉不只是认错,而是承认你的言行影响了彼此的关系,所以希望重归于好。承认自己不对,做起来很不容易。有些人犯了错,不是马上去道歉,而是想办法去辩解,或者干脆不道歉,这样自然会使双方的感情上产生裂痕,还会越来越大。

有些人犯了错,不去主动道歉,一大部分原因是碍于面子,可能对方是他的下属、客户的朋友,又或者是自己的孩子,认为没有必要向他们道歉,错了就错了,我怎么能向他道歉呢? 很多时候,这种态度会使事情越来越糟,甚至走向事情的反面,最后不可收拾。

有一位父亲因为要找一本书,不小心打翻了桌上的墨水,把儿子的书和作业本弄脏了。

儿子嘟哝了一句:"爸爸,你怎么不小心点儿呀? 你看,你把我的作业本都弄坏了。"

父亲瞪着眼睛说:"弄坏了就弄坏了呗,再买一本不就是了。"

儿子不高兴地说:"你怎么能这么说呢?"

## 细节决定成败

（图中对话：
- 弄坏了就弄坏了呗，再买一本不就是了。
- 你怎么能这么说呢？）

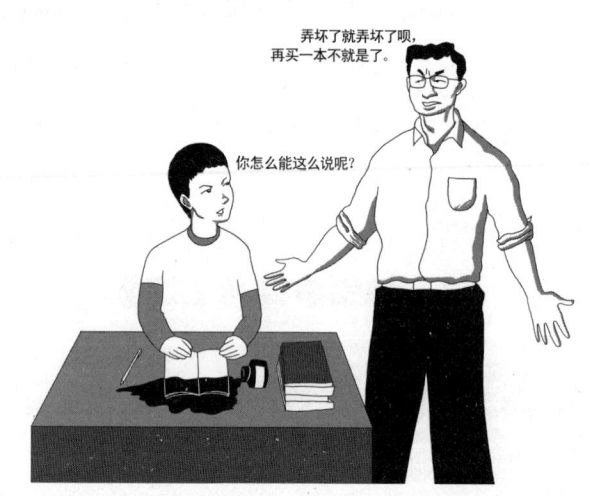

父亲听了火气来了："我这样说不对吗？兔崽子！"父亲扬手给了儿子一巴掌。儿子挨打后，捂着脸冲出门去。后来孩子出走了，找了一个月才找回来。

不论是谁，做错了事就应该道歉。不能因为你是孩子的父亲就不向他道歉，你不道歉，就在孩子面前失去了威信，孩子幼小的心灵就会受到打击。

有些人认为道歉是向别人低头，失去了个人尊严。一味坚持自己的错误，不肯道歉，又何谈尊严呢？

不负责的人不会赢得他人的信赖，不敢道歉意味着不敢对自己的行为负责。

一次，四年级语文单元测验，老师误将一位学生答对的题扣了分。卷子发下来，这位学生举起手："老师，您错了，应该向我道歉。品德课上老师就是这么说的。"顿时，教室里一片寂静，老师也愣住了。片刻，这位老师笑着说："是我疏忽了，对不起！"

事后有人问这位老师："你当时不觉得窘迫吗？"他却说："像这样有道德勇气的学生，很少见，我喜欢。"

尽管道歉是生活中一个再平常不过的细节,但在我们所见所闻中,作为老师,在学生面前承认自己的错误并诚恳道歉的并不多,因为,道歉对于老师来说,同样承担着"诚信一落千丈、学生效仿找茬儿"等风险。但是,这位老师做了,他用勇气呵护了学生幼小心田里刚刚萌芽的道德光芒。

人孰能无过,有了过失和错误,就要及时道歉。你一旦决心面对现实,不再倔犟,便会发现认错对消除隔阂和恢复感情确有奇效。

道歉的话是消除后遗症的"定心丸",说得越及时越好,说得越诚实越好。道歉是尊重别人、也是尊重自己的一种艺术。道歉并非耻辱,而是真挚和诚恳的表现,它不但可以弥补过失,还可以增进情谊,化解危机。学会说"对不起",这三个字看来简单,可是它的效用,却非别的字眼所能比拟。这三个字,能使强者低头,能使怒者消气,能让你更加成熟。